普通高等教育“十二五”规划教材配套教材

现代工程图学习题集

王春华　郭　凤　关丽杰　曹喜承　编著

中国石化出版社

内容提要

本书是普通高等教育"十二五"规划教材《现代工程图学》(王春华、郭凤、关丽杰、曹喜承编著)的配套习题集，主要内容包括：制图基本知识、SolidWorks 基础知识、正投影法基础、基本立体及其表面交线的投影、组合体的三视图、轴测投影、机件的常用表达方法、标准件和常用件、零件图及装配图等。

本书可作为高等工科院校机类、近机类等专业制图课程的教材，也可供其他各专业学生、图学教育者及工程技术人员使用和参考。

图书在版编目（CIP）数据

现代工程图学习题集 / 王春华等编著.
—北京：中国石化出版社，2012.9（2023.9 重印）
普通高等教育"十二五"规划教材配套教材
ISBN 978-7-5114-1736-7

Ⅰ.①现… Ⅱ.①王… Ⅲ.①工程制图-高等学校-习题集 Ⅳ.①TB23-44

中国版本图书馆 CIP 数据核字（2012）第 191537 号

中国石化出版社出版发行

地址：北京市东城区安定门外大街 58 号
邮编：100011 电话：(010)57512500
发行部电话：(010)57512575
http://www.sinopec-press.com
E-mail:press@sinopec.com
北京柏力行彩印有限公司印刷
全国各地新华书店经销

*

787×1092 毫米 16 开本 12.25 印张
2023 年 9 月第 1 版第 4 次印刷
定价：20.00 元

前　言

本习题集是普通高等教育“十二五”规划教材《现代工程图学》(王春华、郭凤、关丽杰、曹喜承编著)的配套习题集,是根据教育部高等学校工程图学教学指导委员会2005年制定的“普通高等学校工程图学课程教学基本要求”,在总结和吸取多年教学改革经验的基础上,按照最新的《技术制图》、《机械制图》国家标准,参考国内外同类教材而编写的。本习题集可作为高等工科院校机类、近机类等专业制图课程的教材,也可供其他各专业学生、图学教育者及工程技术人员使用和参考。

本习题集的选编以培养学生的空间构思能力为核心,以提高手工绘图、计算机绘图和工程意识为基础,每一题目都是经过反复推敲而精心设计的,力求做到题型全面、重点突出、难易得当、题量分配合理,对巩固教学内容、丰富教学实践、开阔解题思路、增强创新意识将起到重要作用。

本习题集具有以下特点:

(1) 为便于组织教学,本习题集内容的编排顺序与配套教材一致。

(2) 精简了传统的点、线、面的投影等内容,增加了构型设计的内容,有利于培养学生的构思能力。

(3) 部分习题给出了立体图,便于“体”与“投影”的对照,降低了二维传统内容的学习难度,更符合人的认知规律。

(4) 加强计算机三维建模技术的练习,利用三维设计软件自身的优势,将其既作为教学内容,又作为教学的辅助工具,帮助学生建立起立体与其投影相互转化过程的对应关系,使传统内容与现代技术融合在一起。

(5) 习题的选配力求由浅入深,循序渐进,以利于基本知识的消化和基本技能的训练。

本习题集由东北石油大学王春华、郭凤、关丽杰、曹喜承编著。具体分工为:王春华(第六章、第七章),郭凤(第三章、第九章、第十章),关丽杰(第四章、第五章),曹喜承(第一章、第二章、第八章)。全书由东北石油大学杜永军教授主审。

在习题集编写过程中,得到了东北石油大学制图教研室全体教师的帮助和支持,在此致以真诚的谢意!

由于编者水平所限,习题集中难免存在不足之处,恳请读者批评指正。

目　　录

班级		姓名		学号		1

字体练习

制 图 设 计 院 系 专 业 班 级 学 号 日 期 材 料 比 例 名 称 件 数

齿 轮 键 销 轴 承 弹 簧 铸 铁 技 术 要 求 热 处 理 表 面 调 质 角

1 2 3 4 5 6 7 8 9 0 ∅ 1 2 3 4 5 6 7 8 9 0 ∅

A B C D E F G H I J K L M N O

a b c d e f g h i j k l m n o p q

第一章　制图基本知识　　图线、尺寸标注	班 级		姓 名		学 号		2

1. 在指定位置，照样画出各种图线和图形。

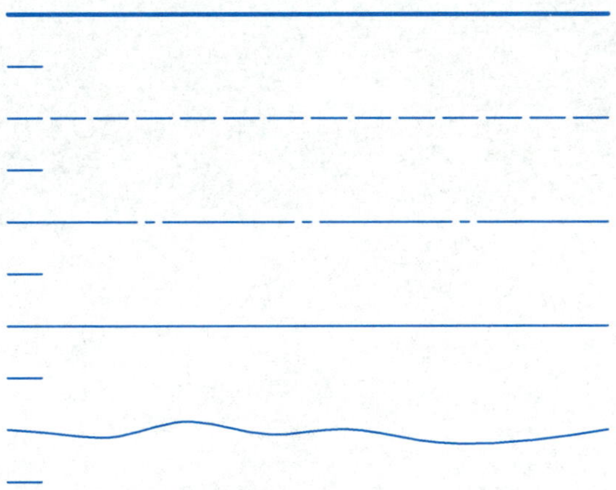

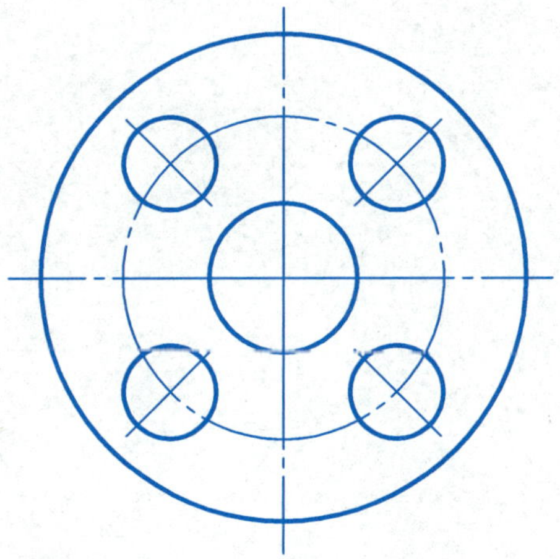

2. 标注尺寸（尺寸数值按1:1量取整数）。

（1）

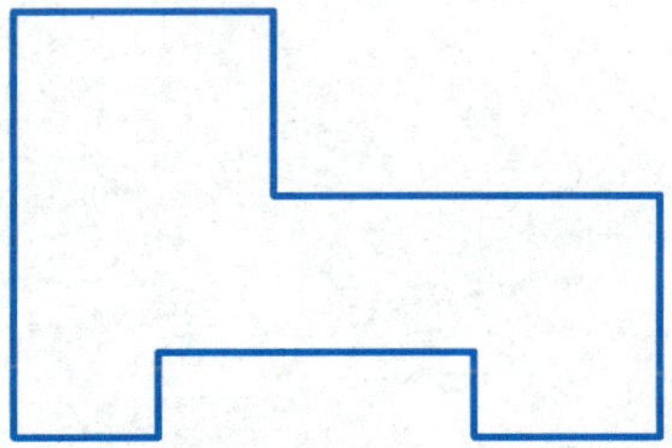

（2）

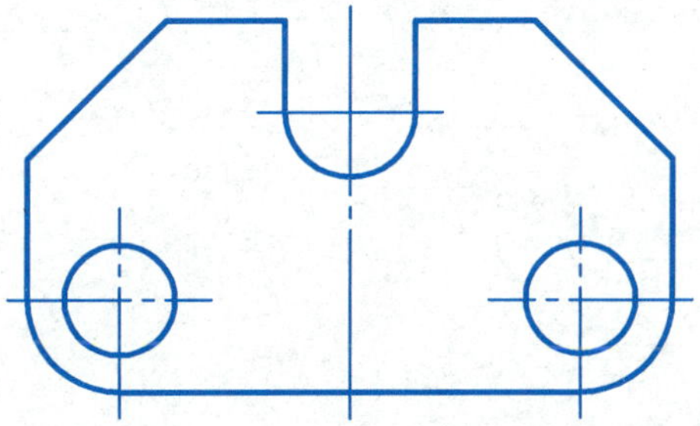

班级		姓名		学号		3

1. 参照所示图形，用1:5的比例在指定位置画出该图形，并标注斜度。

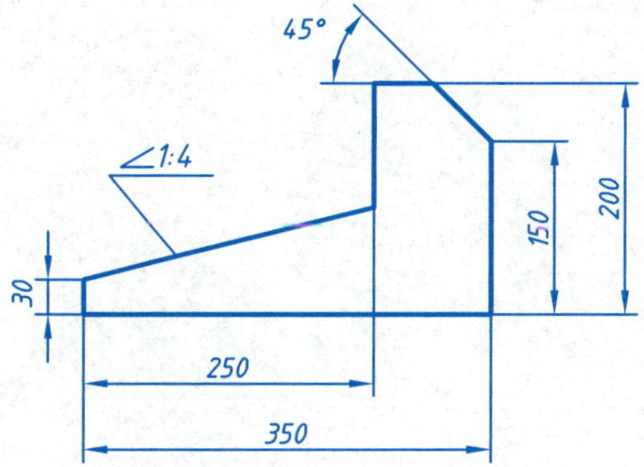

2. 参照示意图，完成锥度1:3图形，并标注锥度。

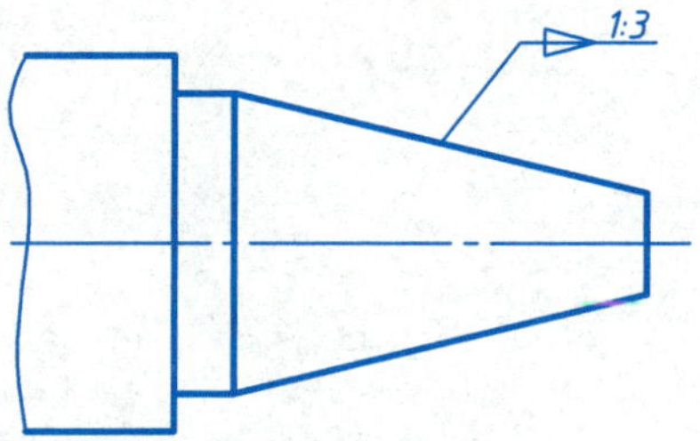

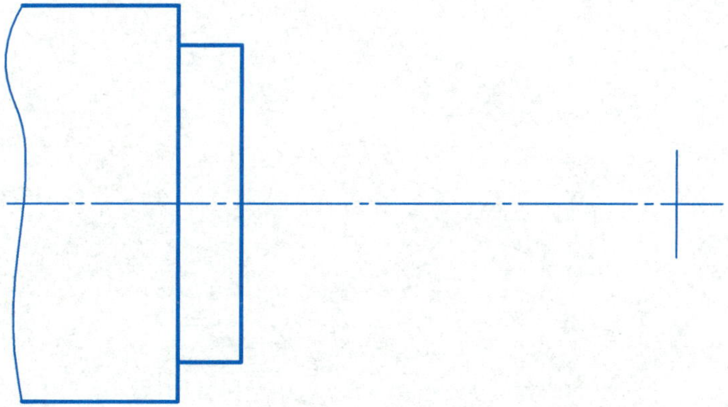

1. 参照给定图形及尺寸，用1:1的比例在指定位置画全图形的轮廓。

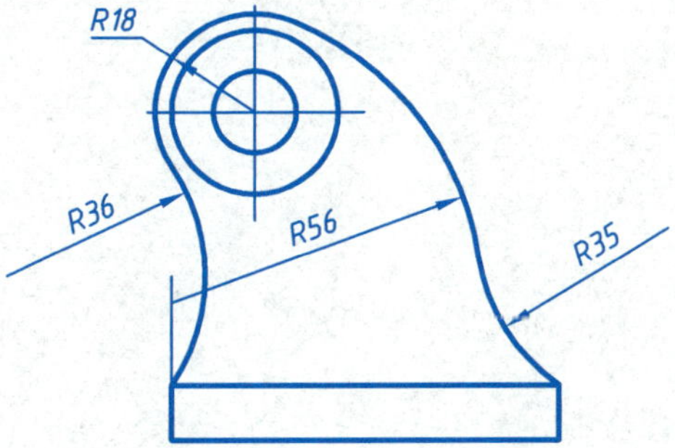

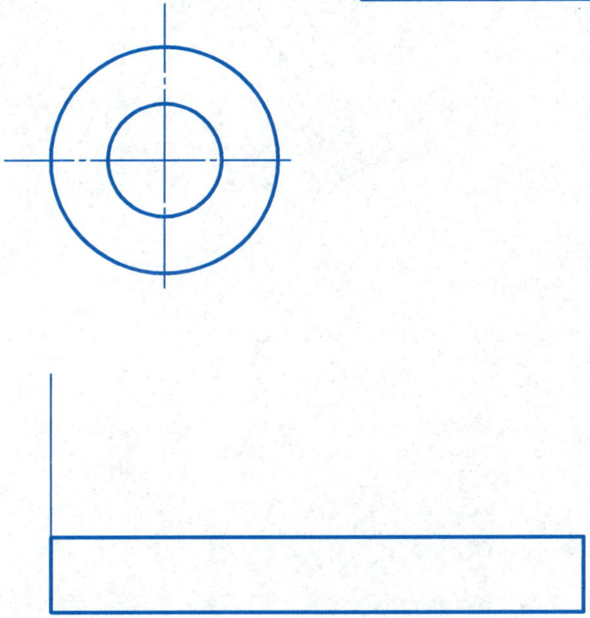

2. 参照给定图形及尺寸，用1:1的比例在指定位置画出手柄的图形。

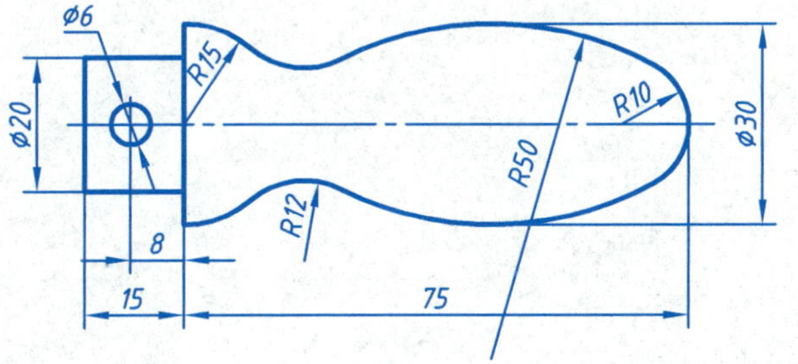

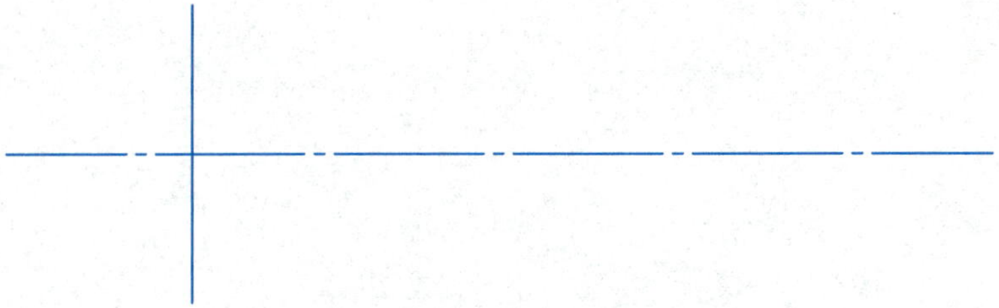

制图作业——线型练习

一、目的、内容与要求

1. 目的：初步掌握图幅、比例、图线、字体和标题栏等国家标准，初步掌握绘图工具和绘图仪器的正确使用方法，培养绘图技能。

2. 内容：将右侧的图形按规定的比例画在A4幅面的图纸上。

3. 要求：图形正确、布图合理、线型规范、字体工整、图面整洁。

二、图名、图幅、比例

1. 图名：线型练习

2. 图纸幅面：A4

3. 比例：1:1

三、作图步骤

1. 将图纸用胶带固定在图板上。为了方便丁字尺的使用，图纸下边所留距离应大于丁字尺的宽度。

2. 布置图纸。根据各图形及其他内容所占的空间，画出各图的基准线。

3. 用细线画底稿（用2H或H铅笔）。先画主要轮廓，后画细节。

4. 仔细检查，改正错误，然后加深（用HB或B铅笔）。加深时，先曲后直，先上后下，先左后右。

5. 填写标题栏。

四、注意事项

1. 线型：粗实线宽度以0.7mm为宜，细虚线线段长度约为4mm，间隙1mm，细点画线线段长度约15～20mm，间隙及短画共3mm。

2. 字体：图中汉字均写成长仿宋体。

3. 箭头：宽约0.7mm，长度大于等于6倍的粗实线宽度。

五、要求

1. 图形正确，图面整洁。

2. 图线粗细分明，同种图线粗细深浅一致，细点画线和细虚线的各线段长度要均匀一致。

3. 尺寸标注应符合国标，箭头要规范。

4. 汉字、数字应字体工整，大小一致，尺寸数字字高约5mm。

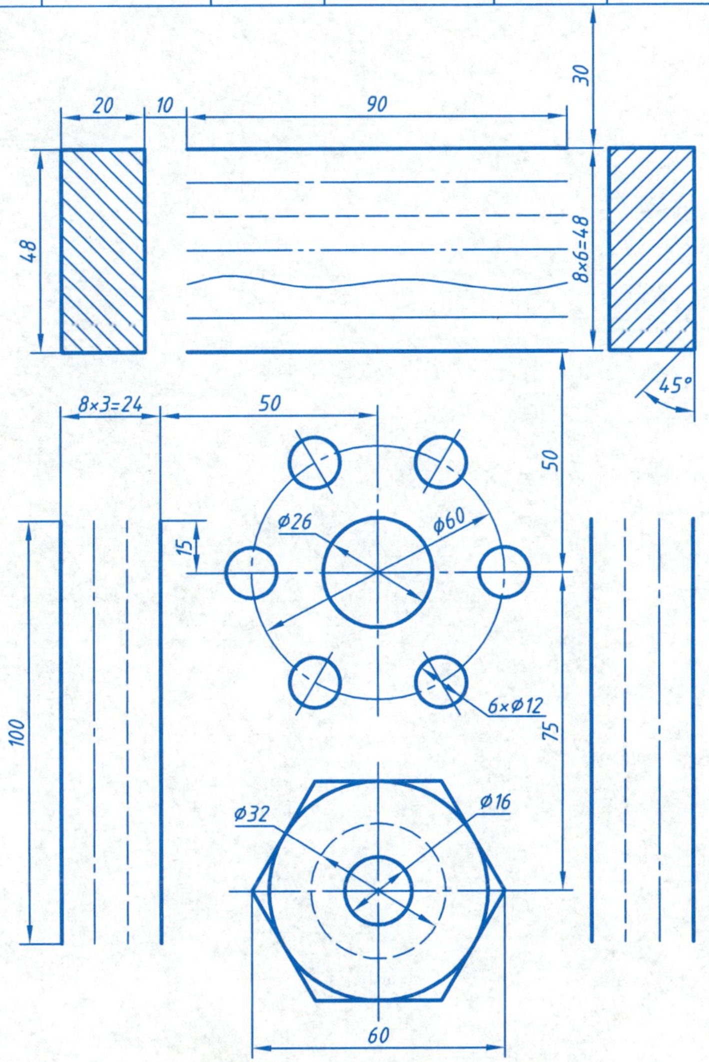

制图作业——圆弧连接

一、目的、内容与要求

1. 目的：掌握尺规作图的过程及尺寸标注的方法；掌握线型规格及相切线段连接技巧。
2. 内容：将右侧的图形按1:1的比例画在A4幅面的图纸上。
3. 要求：图形正确、布图合理、线型规范、字体工整、图面整洁。

二、图名、图幅、比例

1. 图名：圆弧连接
2. 图纸幅面：A4
3. 比例：1:1

三、作图步骤

1. 对平面图形进行尺寸分析和线段分析。
2. 布置图纸。根据各图形及其他内容所占的空间，画出各图的基准线。
3. 按已知线段、中间线段和连接线段的顺序画底稿（用2H或H铅笔）。
4. 仔细检查，改正错误，然后加深（用HB或B铅笔）。加深时，先曲后直，先上后下，先左后右。
5. 填写标题栏。

四、注意事项

1. 布置图形时，应考虑标注尺寸的位置。
2. 画底稿时，作图线应轻而准确，并应找出连接弧的圆心及切点。
3. 箭头应符合规定，并且大小一致；不要漏注尺寸或漏画箭头。

五、要求

1. 图线绘制正确，圆弧链接准确，图面整洁。
2. 图线粗细分明，同种图线粗细深浅一致，细点画线和细虚线的各线段长度要均匀一致。
3. 尺寸标注应符合国标，箭头要规范。
4. 汉字、数字应字体工整，大小一致，尺寸数字字高约3.5mm。

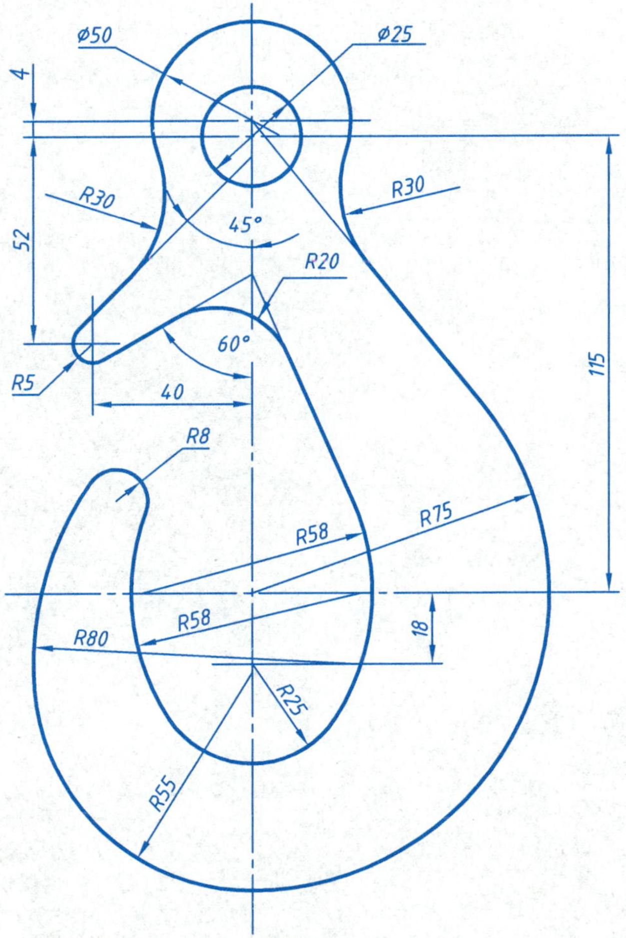

第二章 SolidWorks基础知识 草图绘制	班 级		姓 名		学 号		7

SolidWorks草图练习

(1)

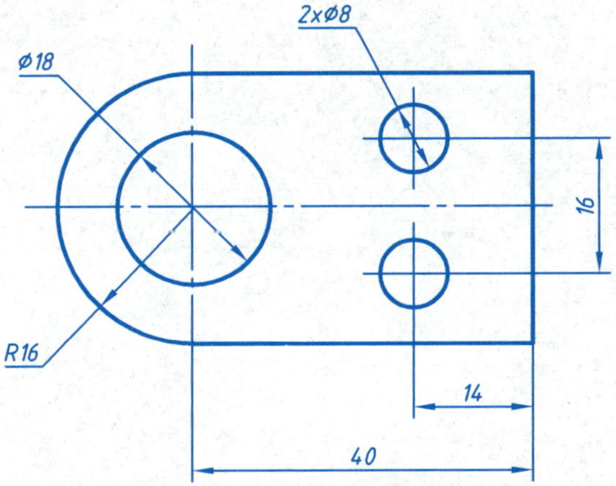

(2)

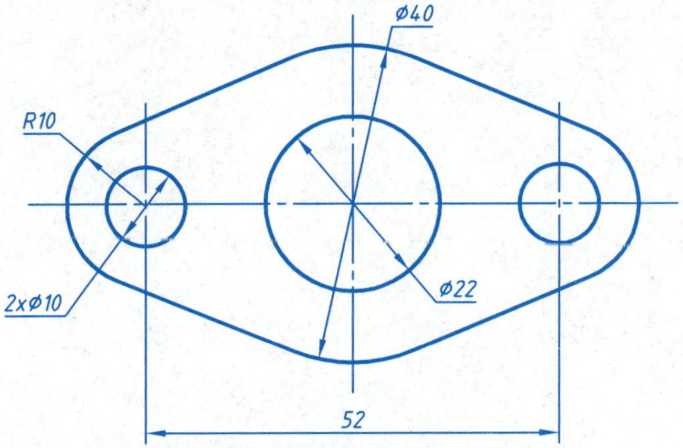

(3)

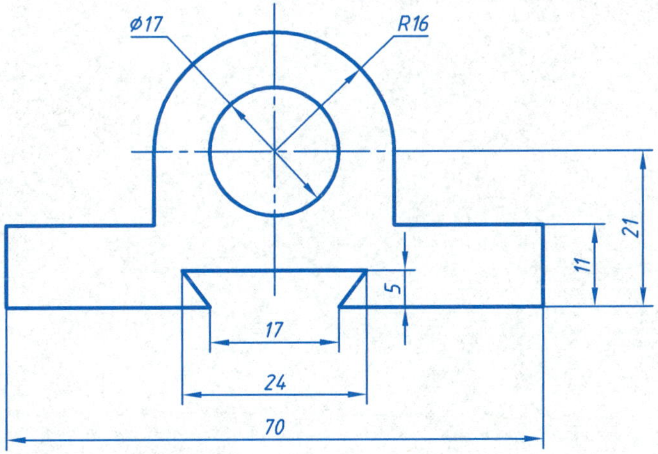

(4)

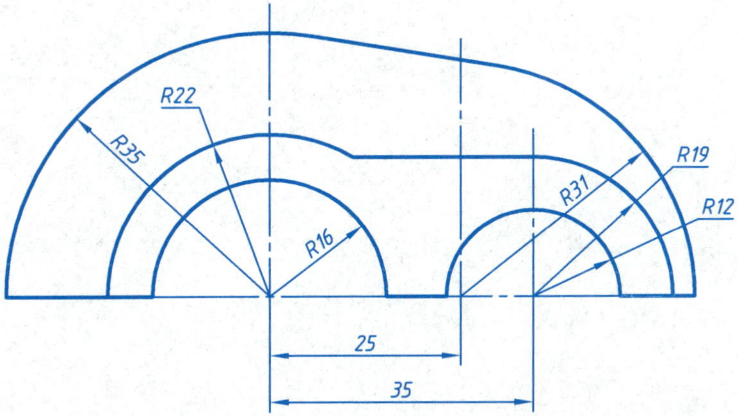

SolidWorks草图练习

(1)

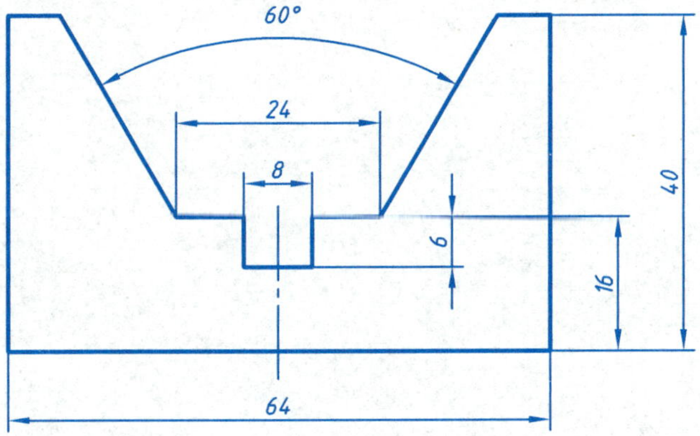

(2)

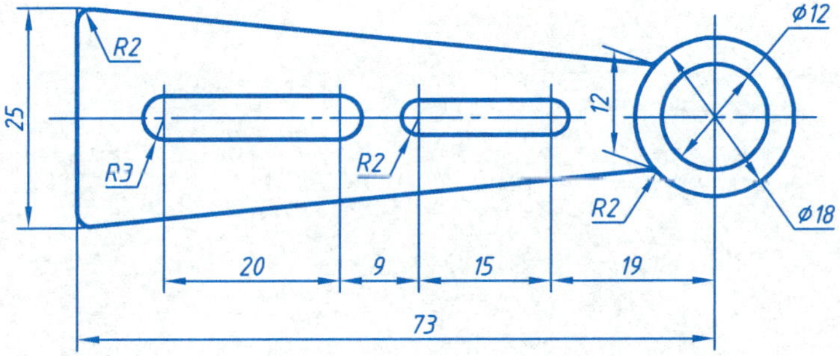

(3)

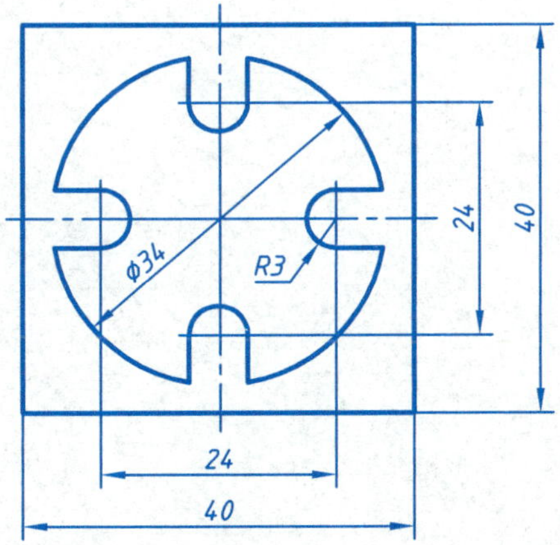

(4)

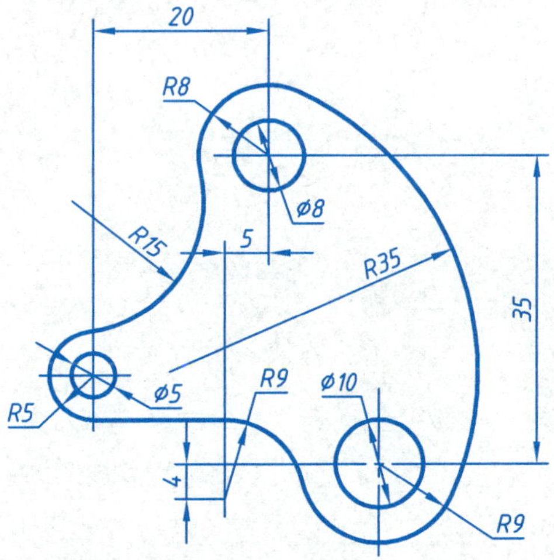

1. 参照立体图及视图中标注的尺寸，用拉伸特征建立Y形三通管的模型。

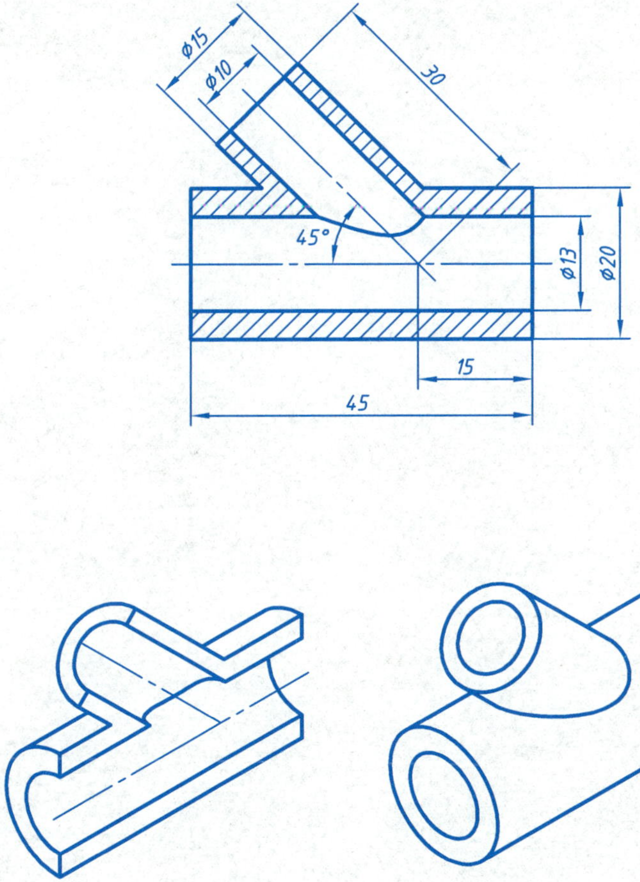

2. 参照立体图及视图中标注的尺寸，用旋转特征建立阀杆的模型。

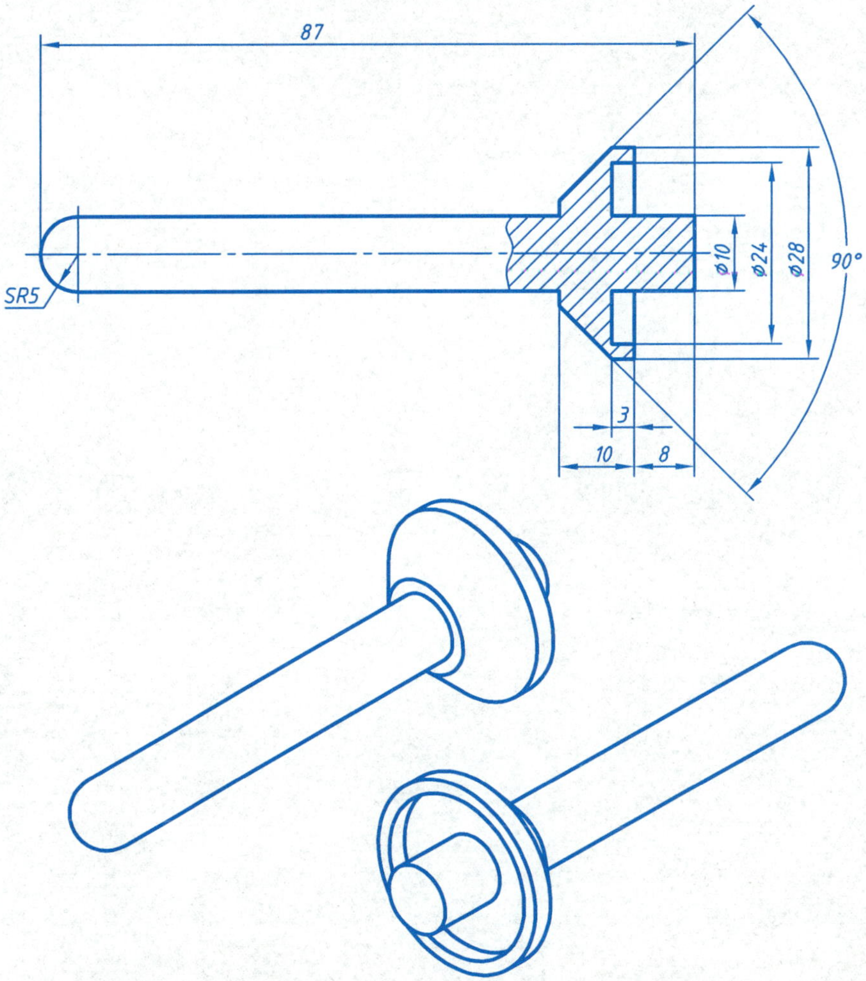

第二章　SolidWorks基础知识　　基本建模方法	班 级		姓 名		学 号		10

1. 参照立体图及视图中标注的尺寸，用扫描特征建立弯管的模型。

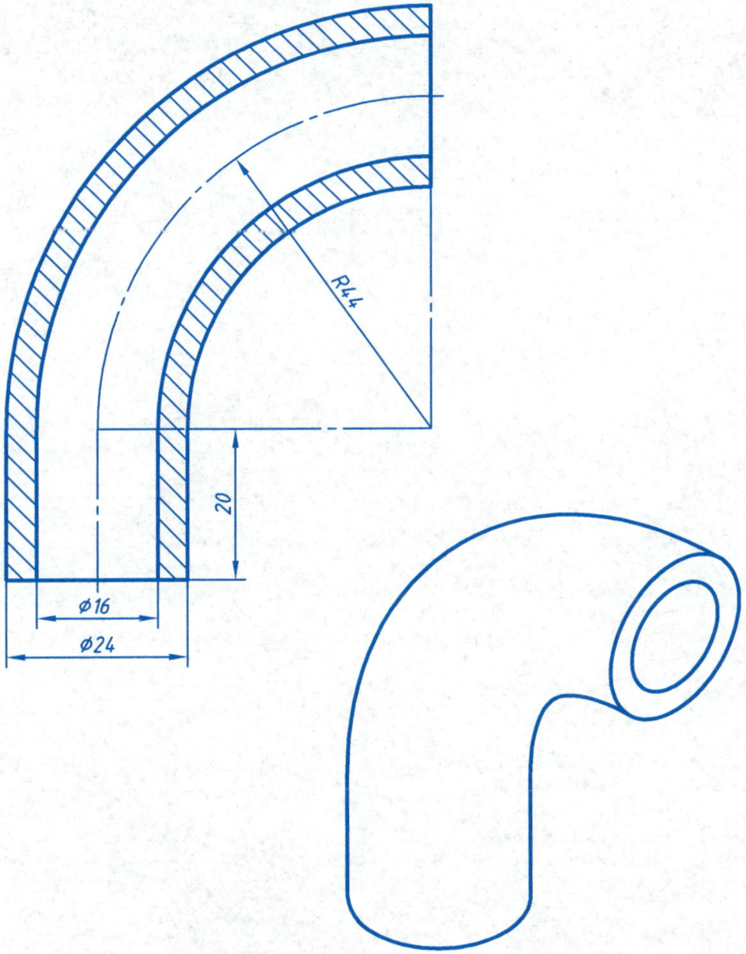

2. 参照立体图及视图中标注的尺寸，用放样特征建立五角星的模型。

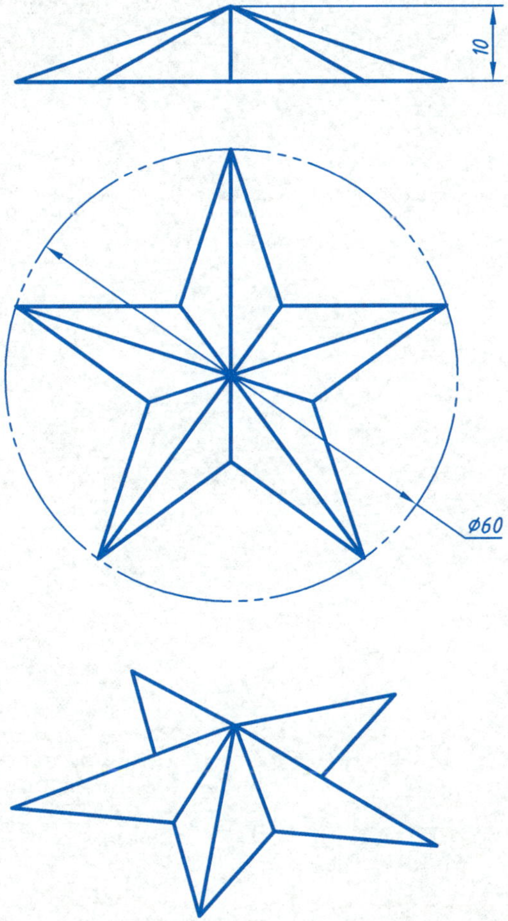

1. 按照立体图作各点的三面投影。

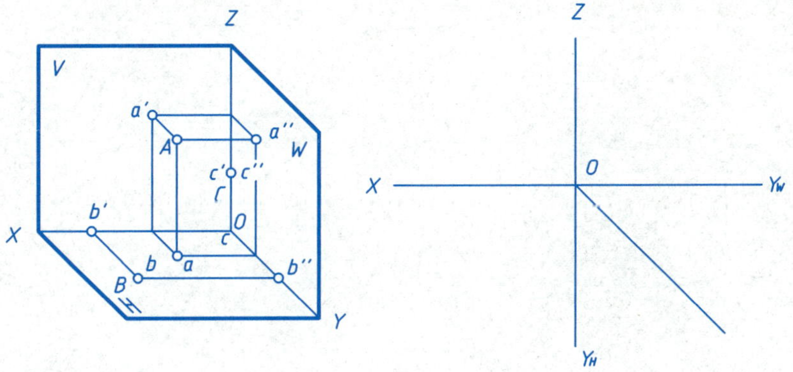

2. 已知A、B、C三点的坐标，画出其三面投影。A（8，12，18）、B(20，10，20)、C（14，18，8）。

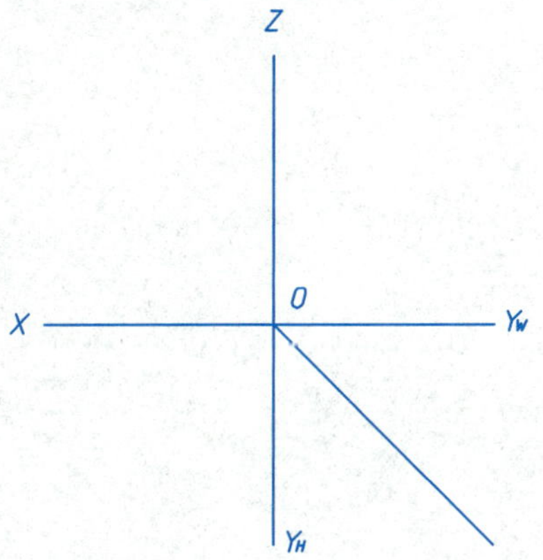

3. 已知各点的两个投影，画出第三投影。

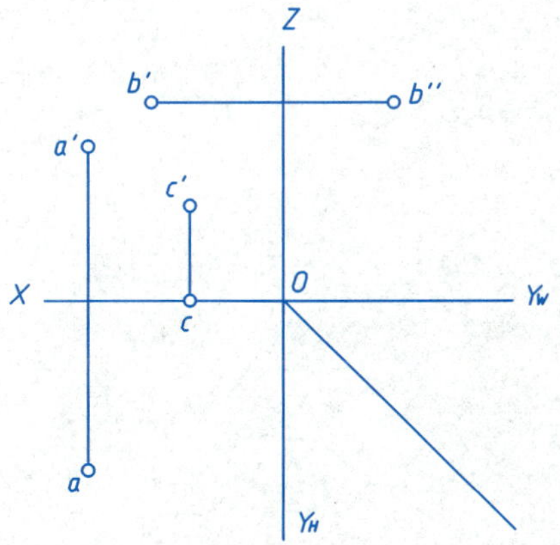

4. 已知点B距离点A为10mm，点C与点A是相对于V面的重影点，点D在点A的正下方10mm，补全各点的三面投影。

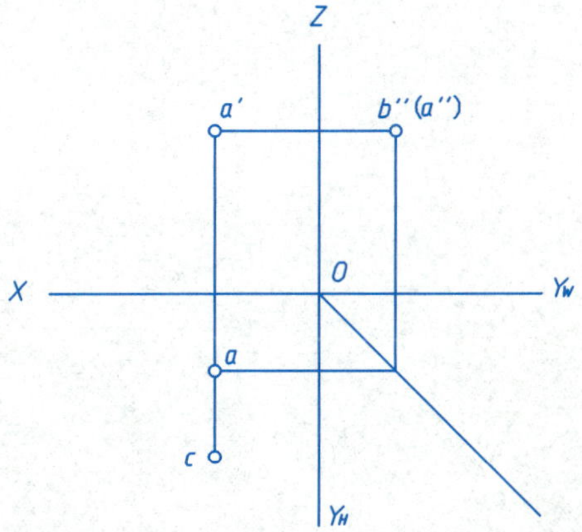

1. 补画出下列各直线的第三投影，并说明它们各是什么位置直线。

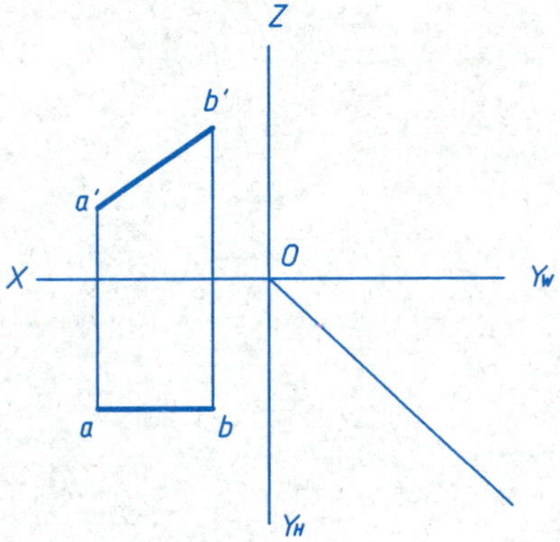

AB为________线。

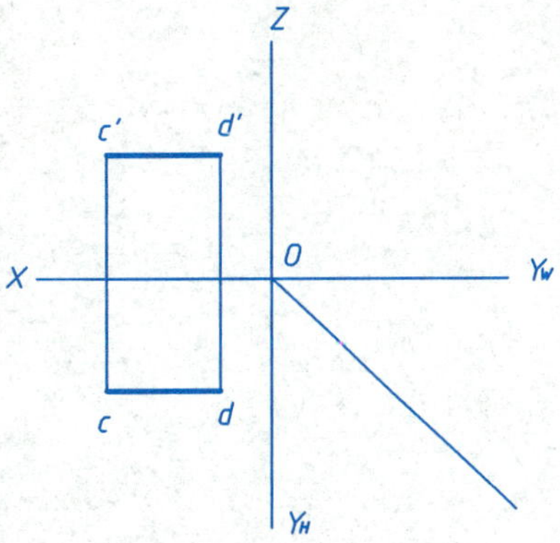

CD为________线。

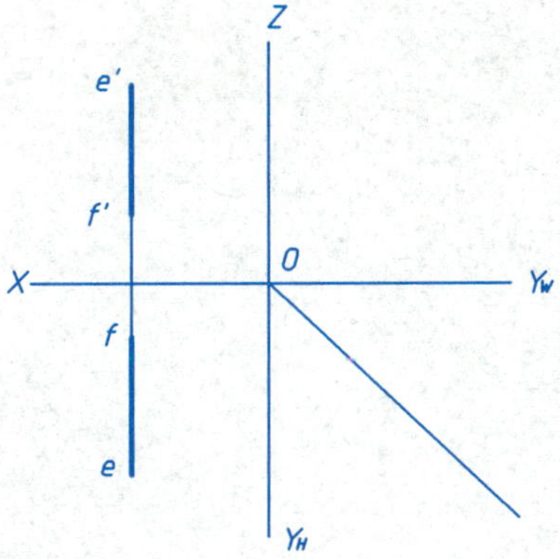

EF为________线。

2. 求直线AB上点K的水平投影。

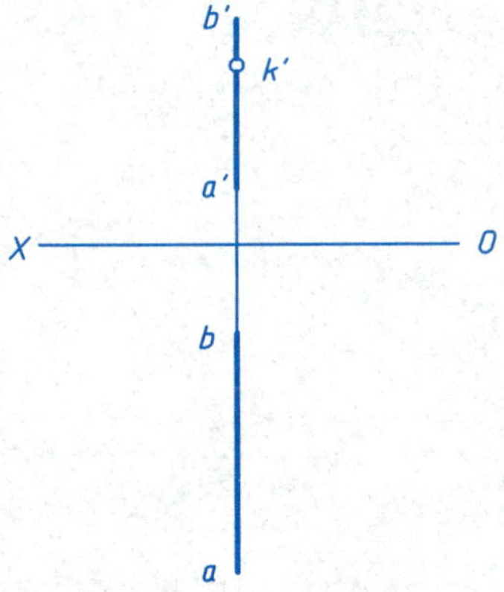

3. 判断点K是否在直线AB上。

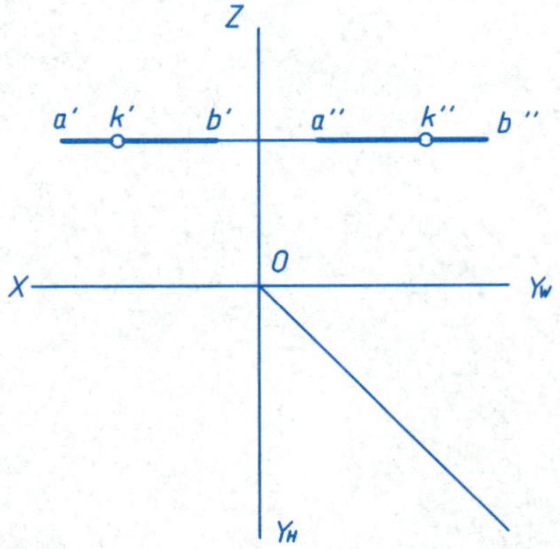

（在，不在）

4. 已知线段AB和CD的两面投影，画出它们的第三面投影，并在下面空格内填写这两条线段的名称和它们对各投影的相对位置（用符号表示：平行“//”，垂直“⊥”，倾斜“∠”）。

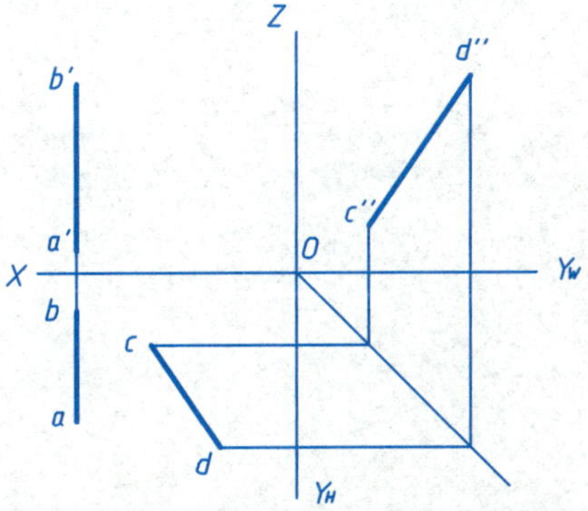

AB是________线。

AB：__V、__H、__W。

CD是________线。

CD：__V、__H、__W。

1. 判断平面与投影面的相对位置，作出水平投影。

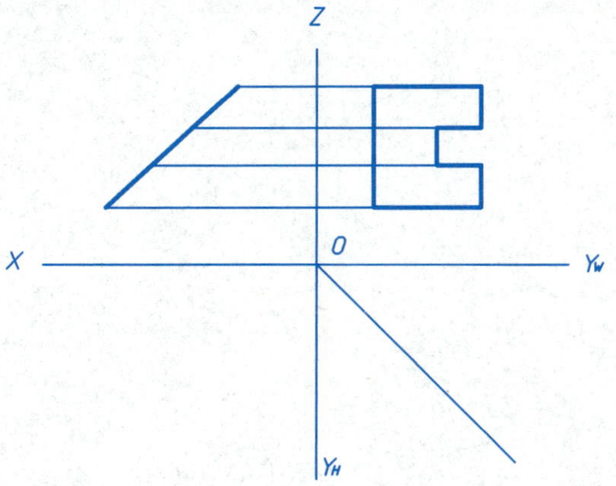

平面是______面。

2. 判断平面与投影面的相对位置，作出侧面投影。

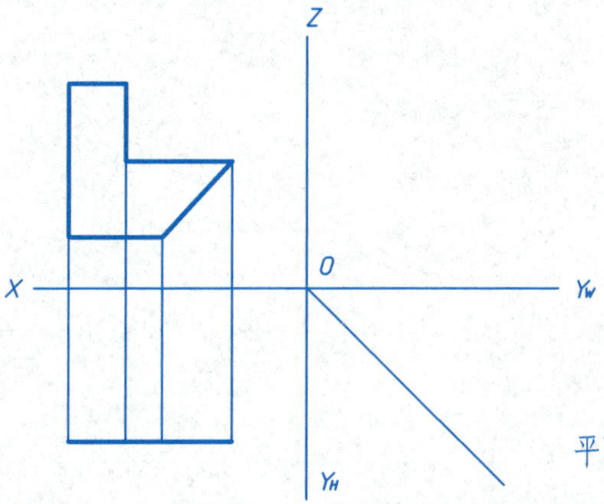

平面是______面。

3. 在三面投影中，标出线段AB、CD的第三投影，在立体图中标出点A、B、C、D的位置，并填写线段AB、CD的名称和对各投影面的相对位置。

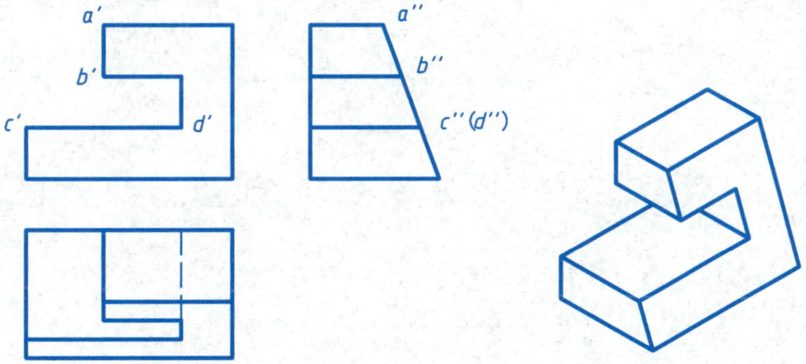

AB是__________线，CD是__________线。

AB:___V、___H、___W；CD:___V、___H、___W。

4. 在三面投影中标出P、Q两平面的第三投影，在立体图中标出它们的位置（用相应的大写字母），并填写它们的名称和对投影面的相对位置。

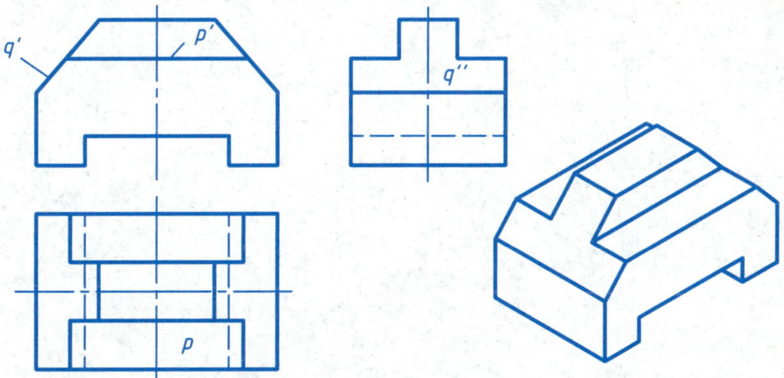

P是__________面，Q是__________面。

P:___V、___H、___W；Q:___V、___H、___W。

1. 画出正六棱柱的水平投影，并求作表面上点A、B、C的其余两面投影。

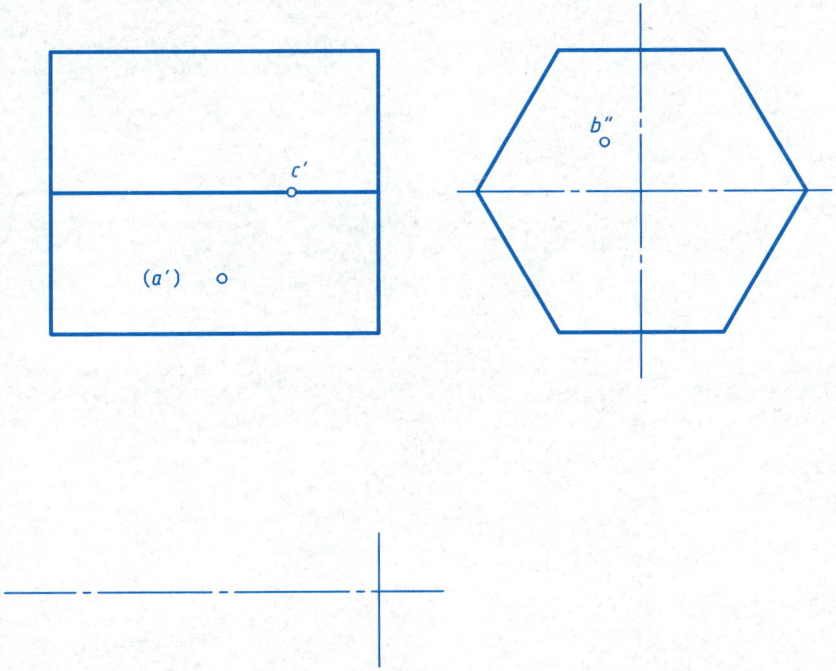

2. 画出正五棱柱的正面投影，并求作表面上点A、B、C的其余两面投影。

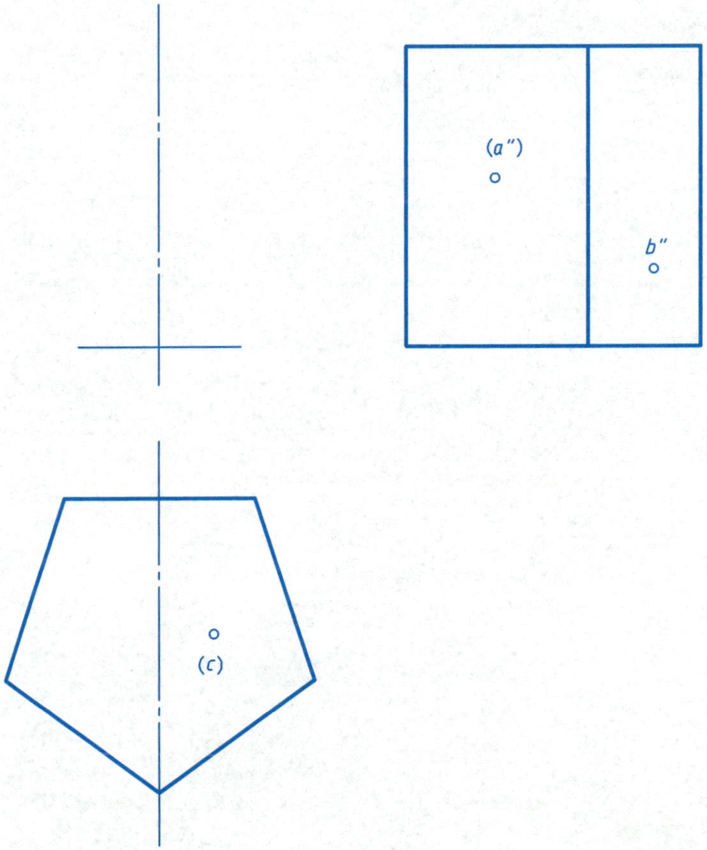

第四章　基本立体及其表面交线的投影　　基本立体	班 级		姓 名		学 号		15

1. 画出四棱锥的侧面投影。

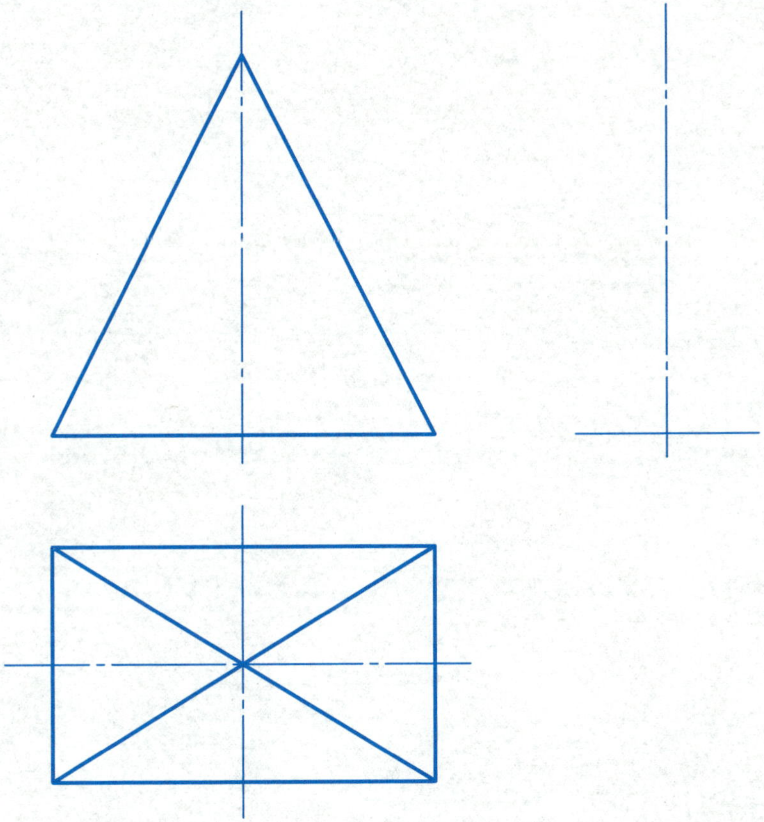

2. 画出三棱锥的正面投影，并求作表面上点A、B、C的其余两面投影。

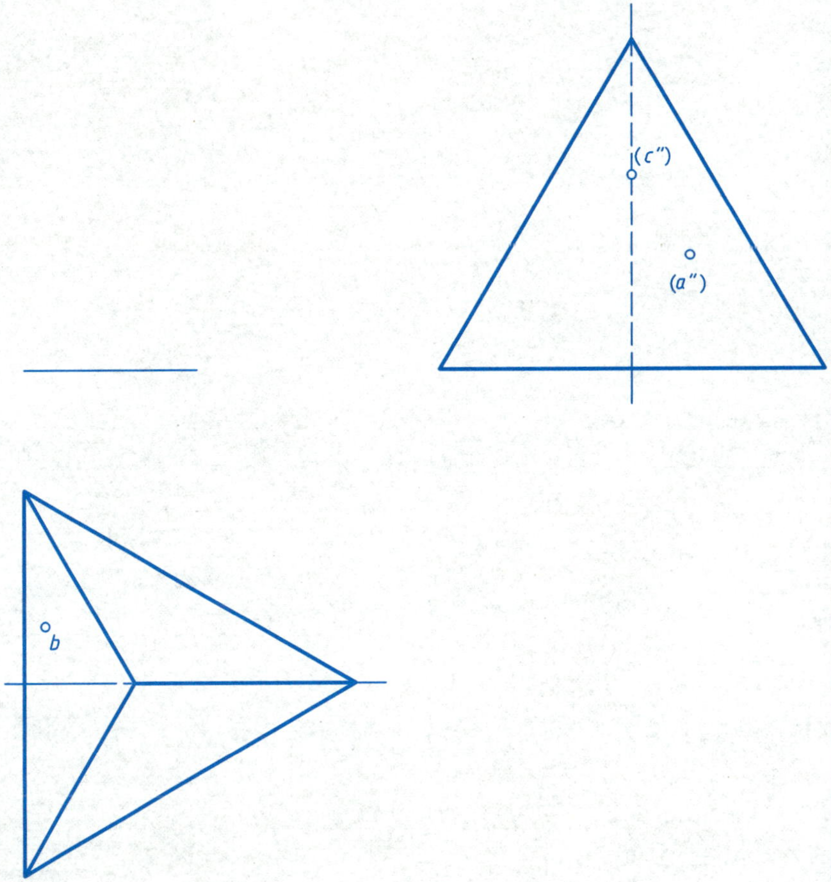

1. 画出圆柱的水平投影，并求作表面上点A、B、C的其余两面投影。

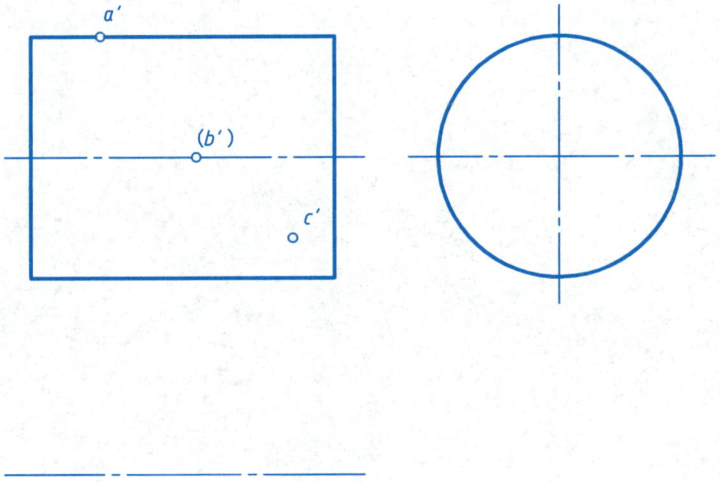

2. 画出圆锥的侧面投影，并求作表面上点A、B、C、D的其余两面投影。

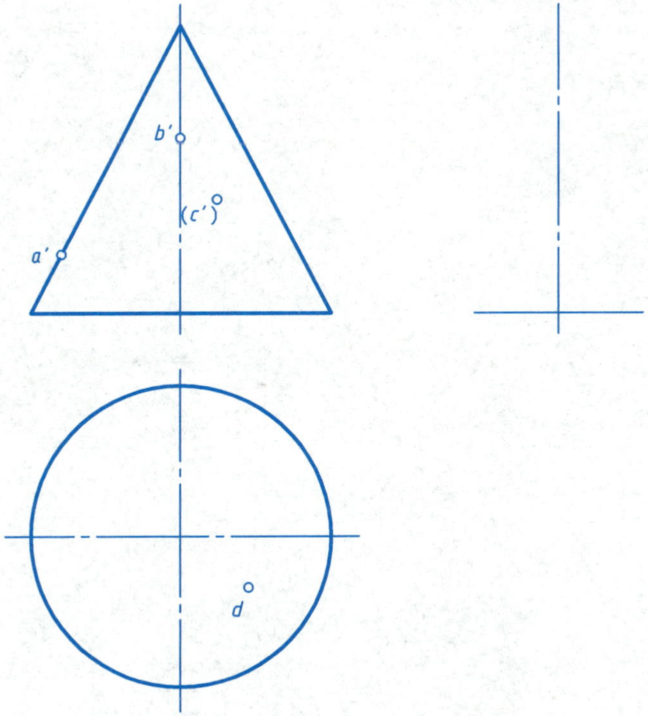

1. 画出圆球的主视图，并求作表面上点A、B、C的另外两面投影。

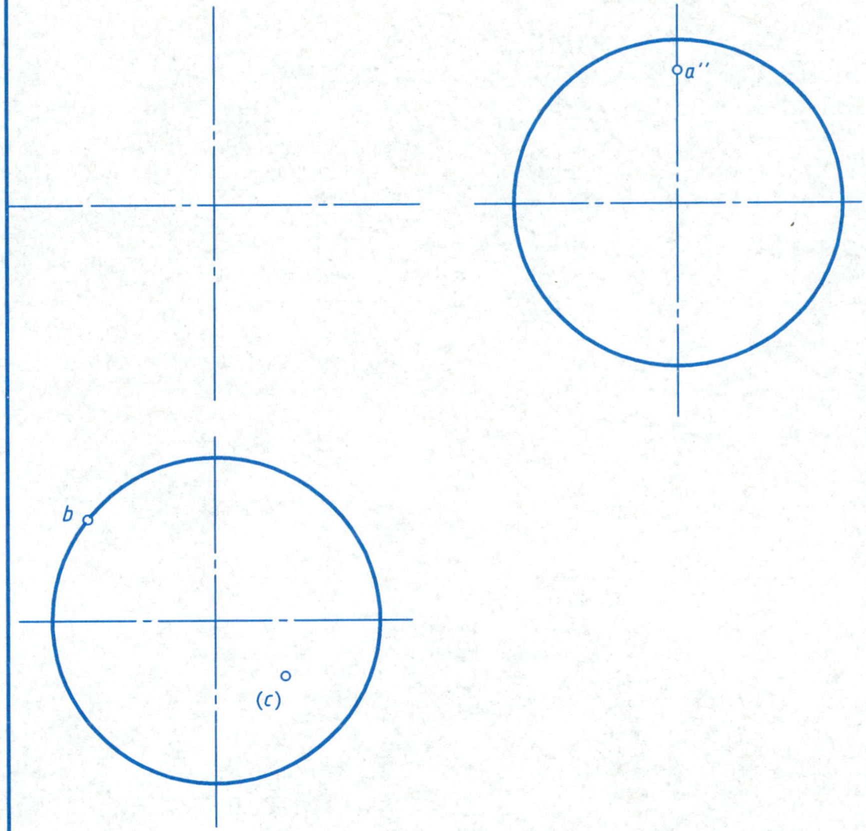

2. 求出圆环表面上的点A、B、C、D、E的另一个投影。

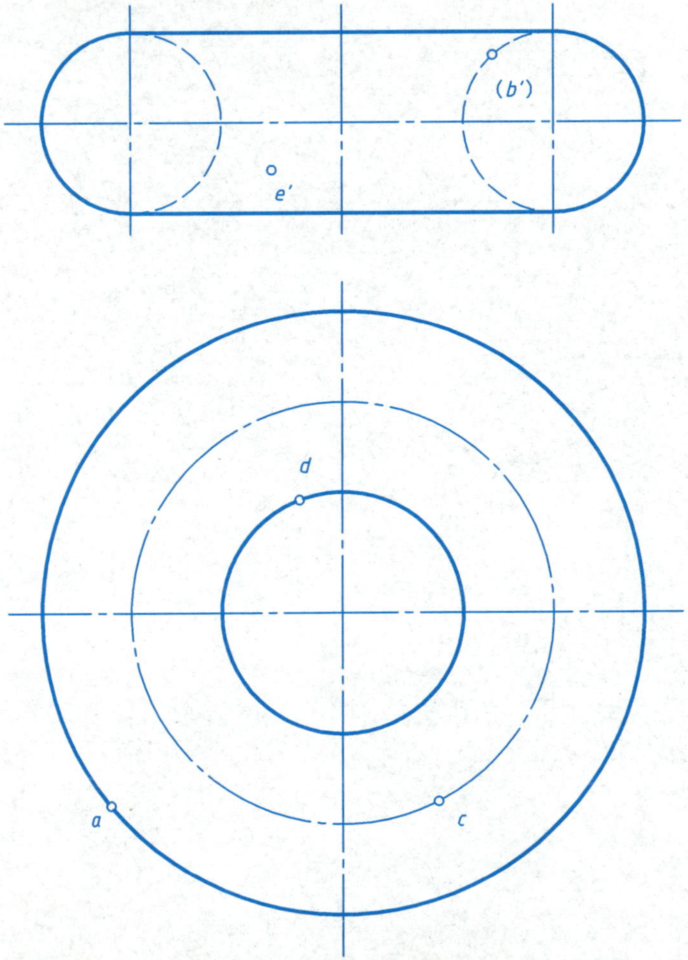

1. 作圆柱表面上各线段的其他两个投影。

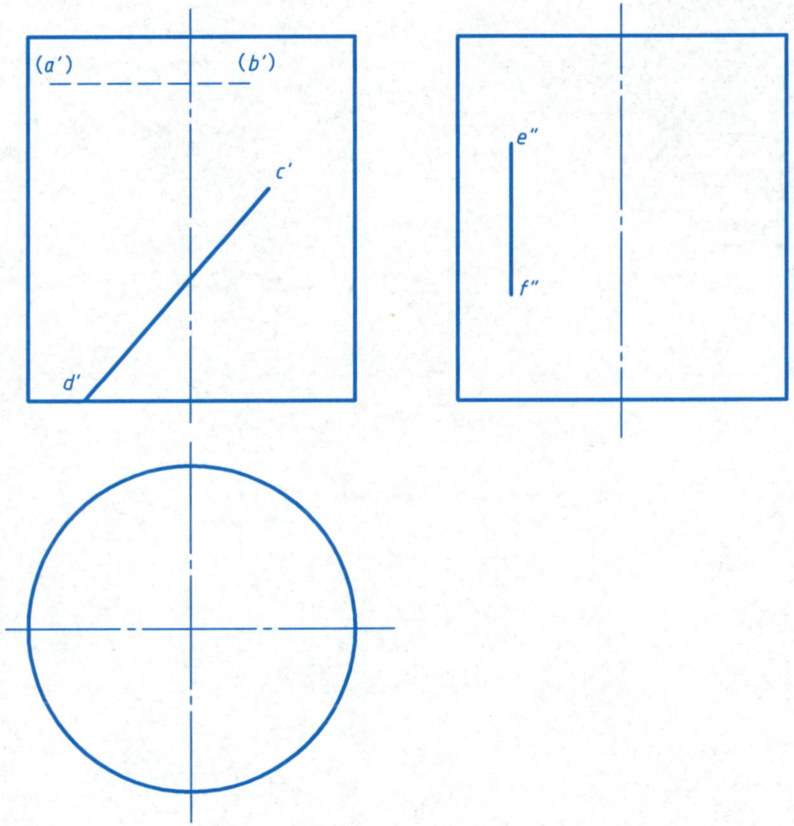

2. 判断圆锥表面上的线段SB、BC是直线段还是圆曲线；并求出SB、BC的另外两个投影。

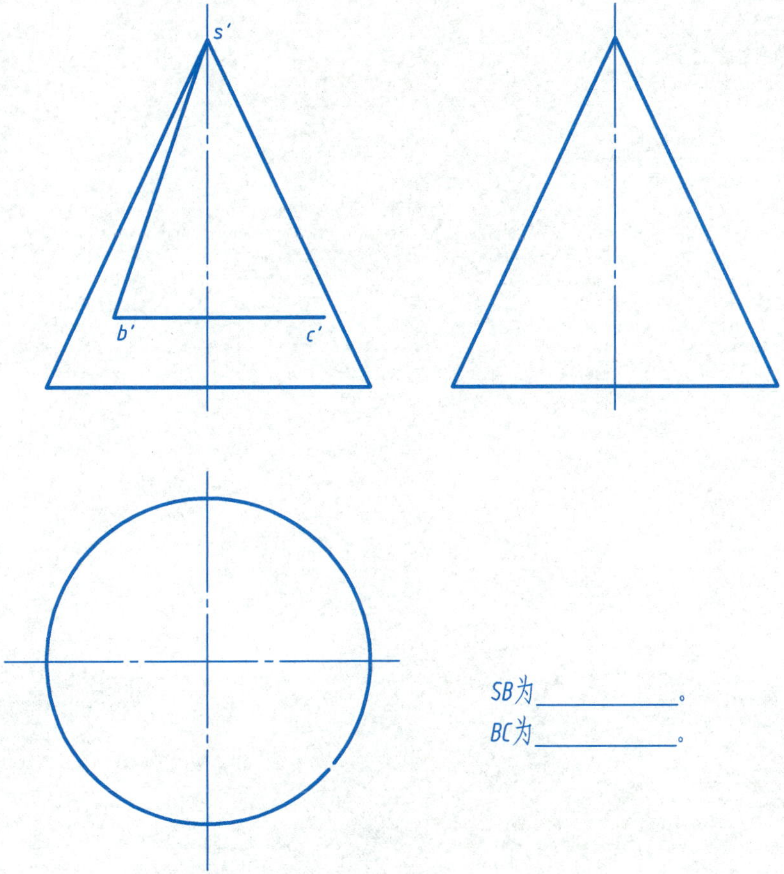

SB为____________。

BC为____________。

1. 作出球面上线段AB、BC的另外两个投影。

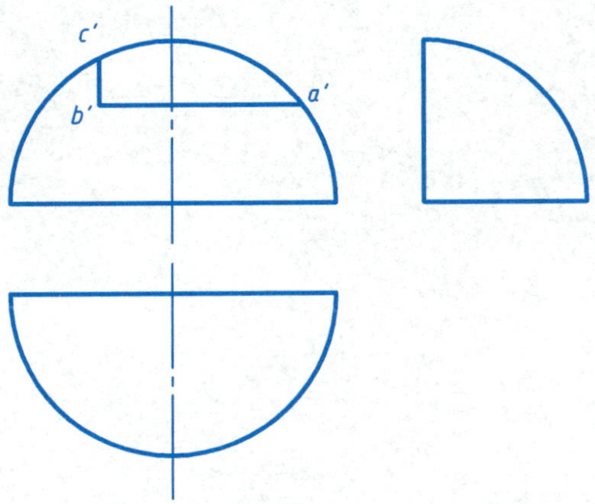

2. 补全正四棱锥被截切后的侧面投影，并求水平投影。

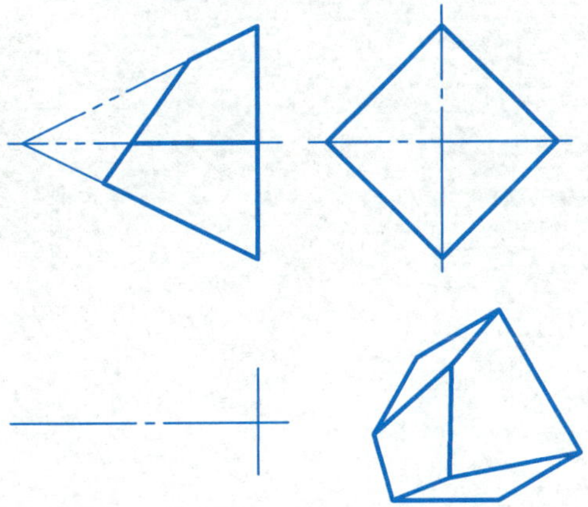

3. 画出六棱柱被截切后的水平投影。

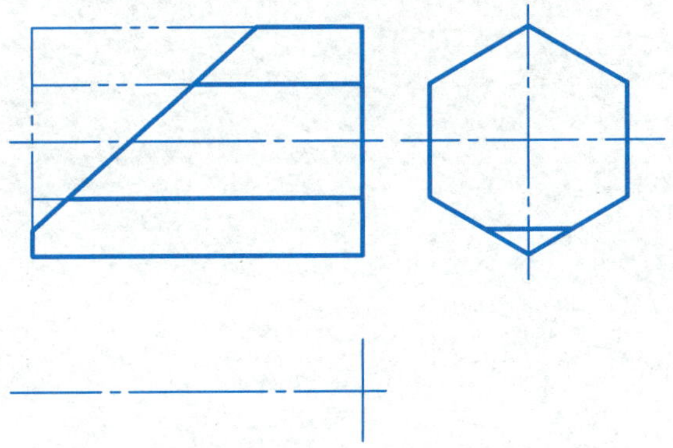

4. 补全三棱锥被截切的水平投影，并求侧面投影。

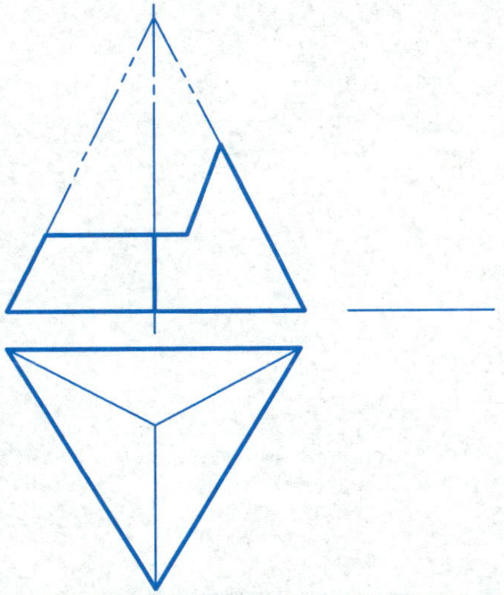

5. 画出六棱柱被截切后的侧面投影。

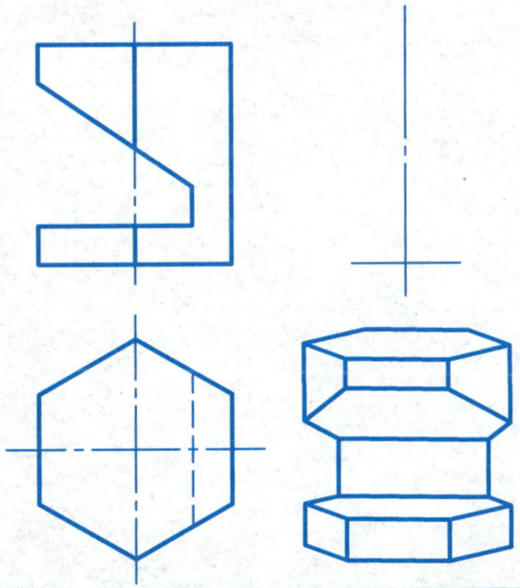

6. 画出立体被截切后的水平投影。

第四章　基本立体及其表面交线的投影　　平面与立体相交	班 级		姓 名		学 号		20

补全圆柱被截切后的侧面投影，并比较这四个立体及其投影的异同之处。

(1)

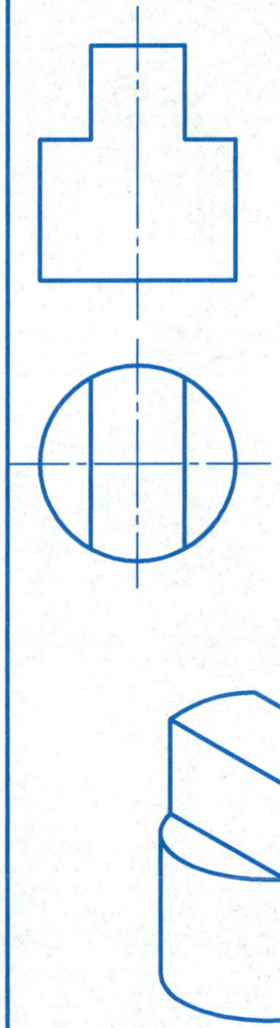

(2)

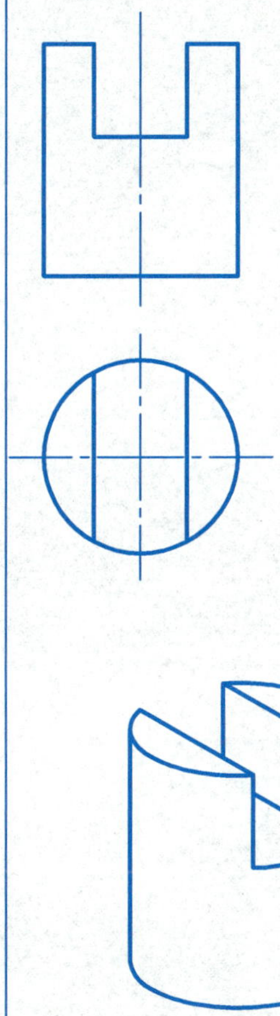

(3)

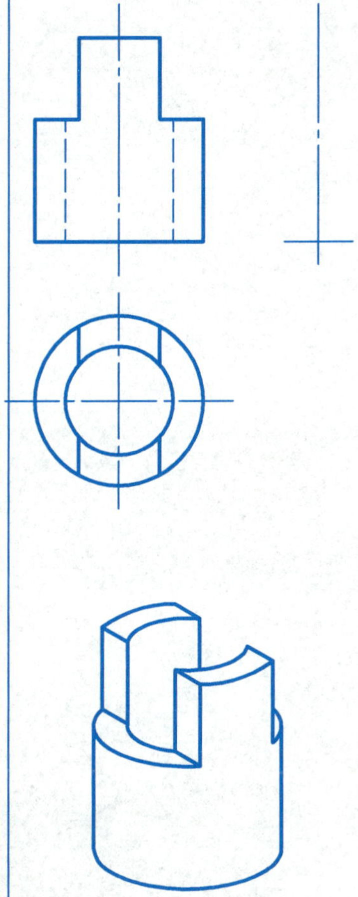

(4)

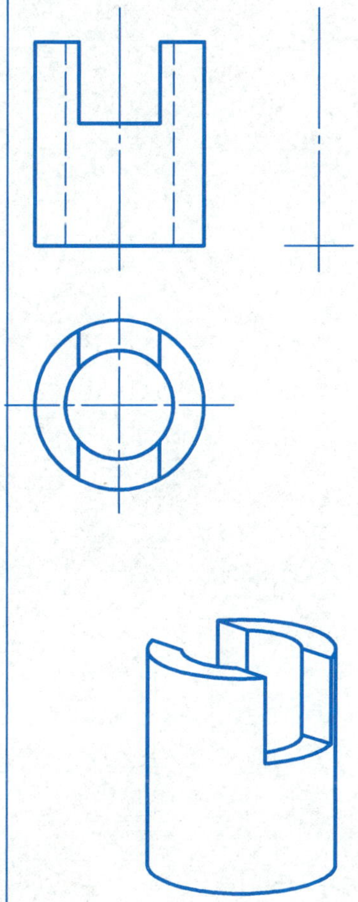

1. 画出圆柱被截切后的侧面投影。

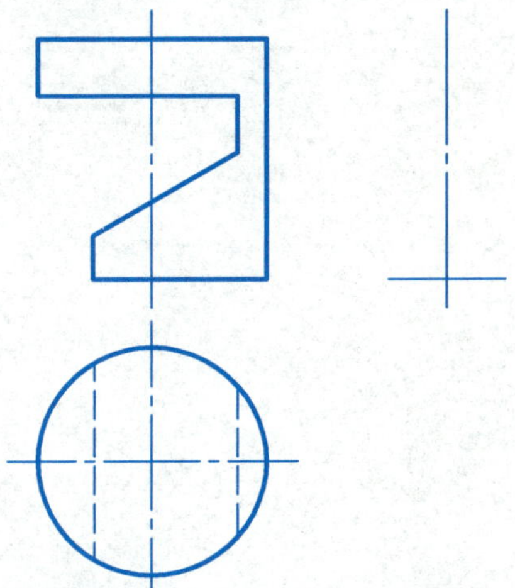

2. 画出圆柱被截切后的侧面投影。

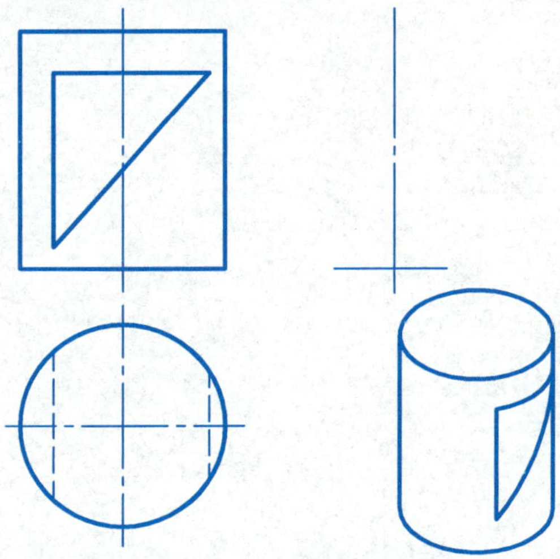

3. 画出圆锥被截切后的水平投影和侧面投影。

4. 画出圆锥被截切后的水平投影和侧面投影。

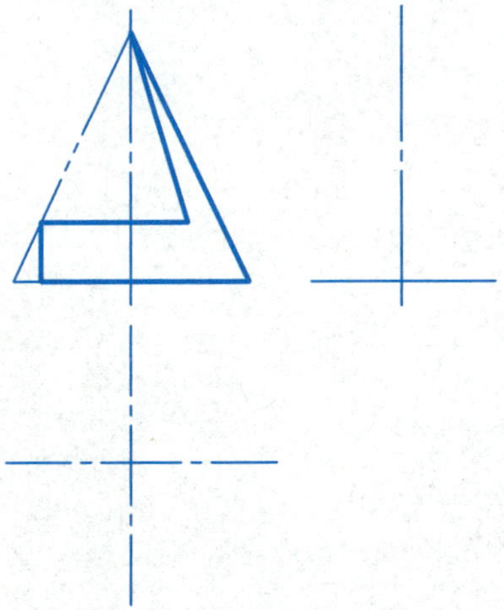

5. 画出圆锥被截切后的水平投影和侧面投影。

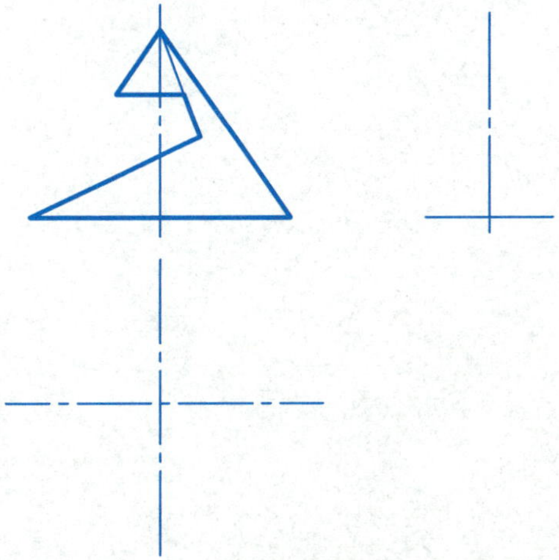

6. 画出半球被截切后的水平投影和侧面投影。

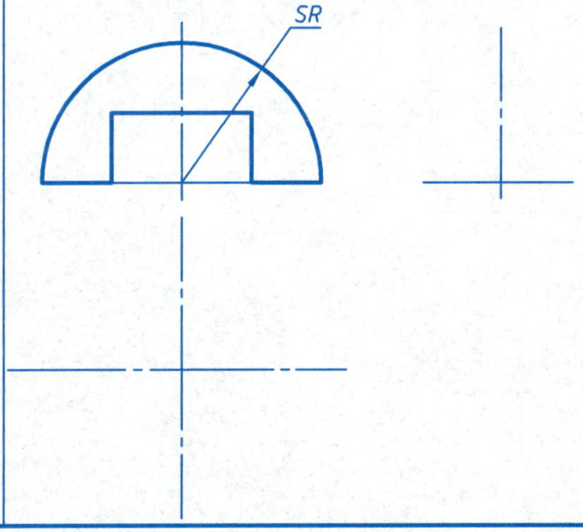

1. 画出水平投影。

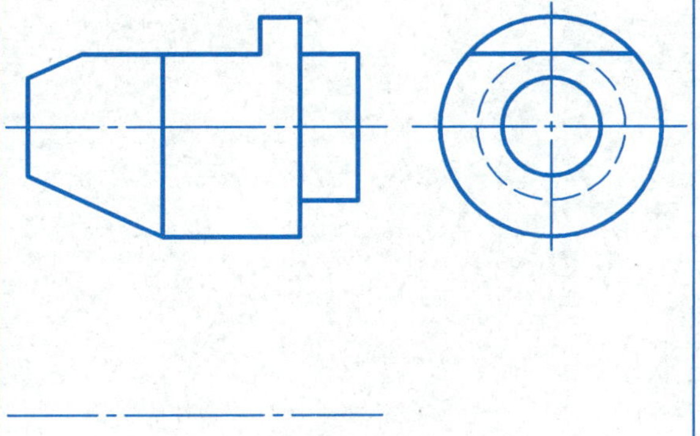

2. 画出正面投影。

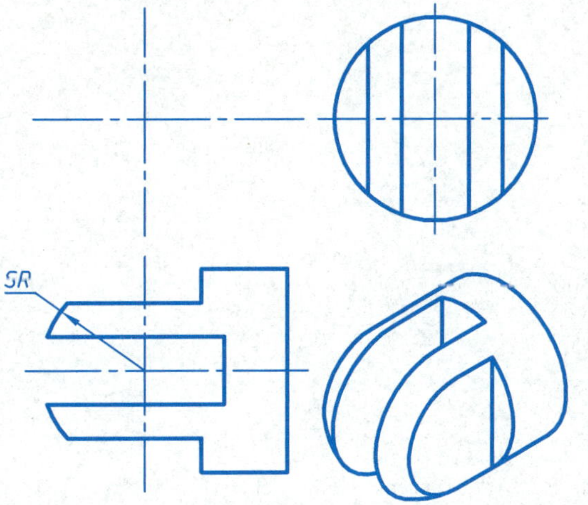

3. 画出四棱柱与半圆柱相交后的正面投影。

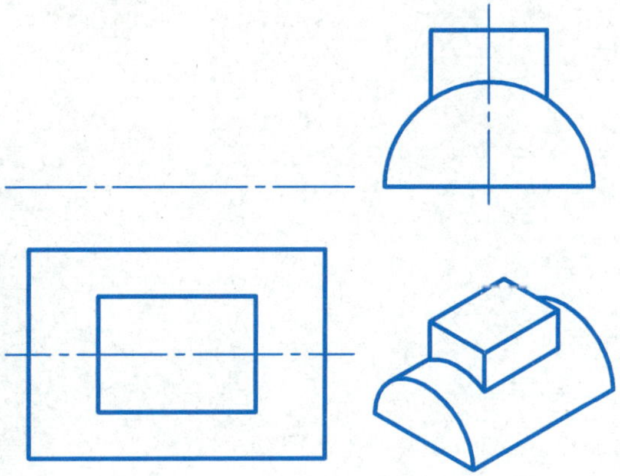

4. 画出空心圆柱被钻孔后的侧面投影。

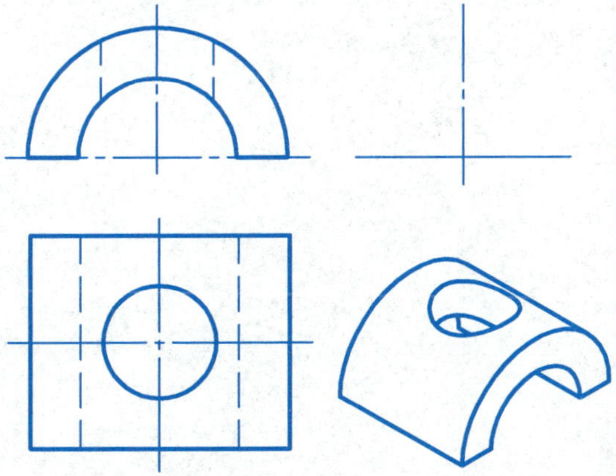

5. 补全正面投影。

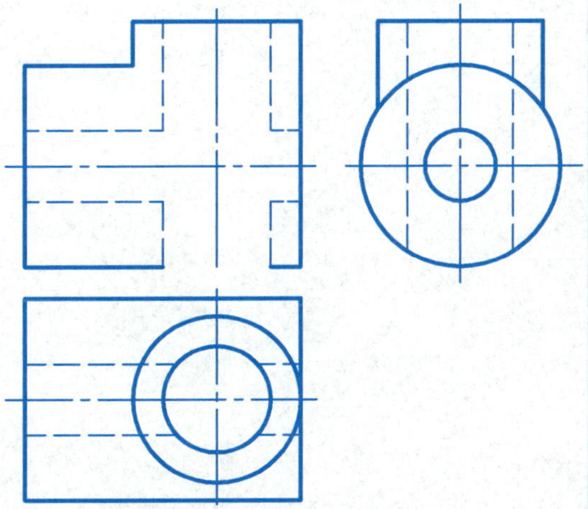

6. 补全侧面投影。

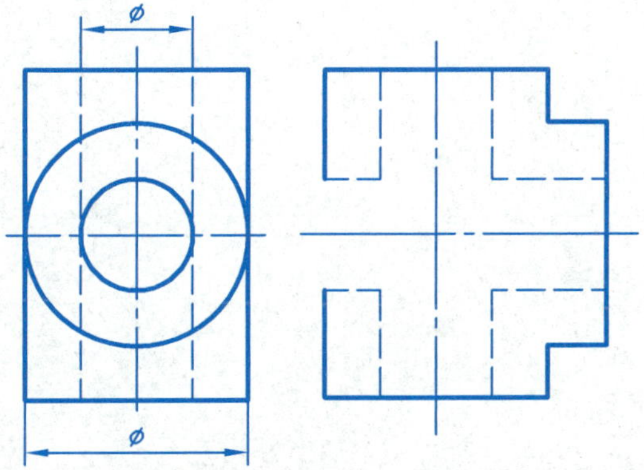

1. 画出正面投影。

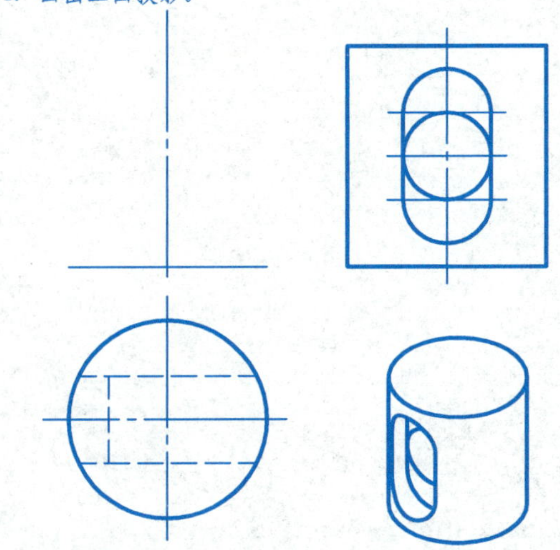

2. 画出侧面投影。

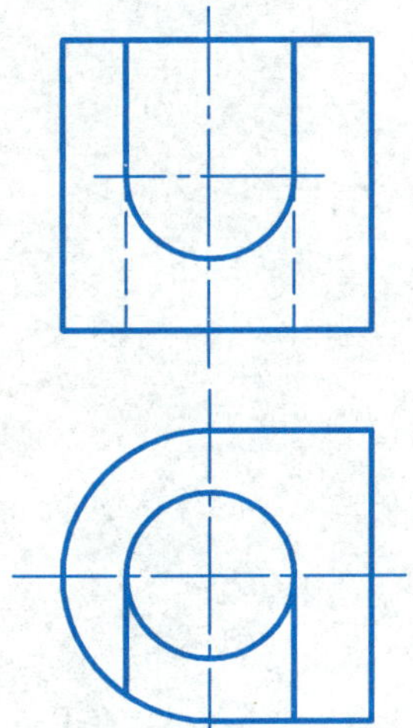

3. 补全水平投影和侧面投影。

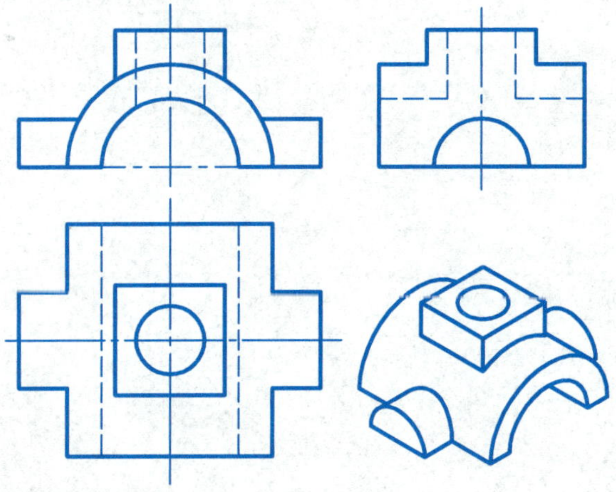

4. 画出正面投影。

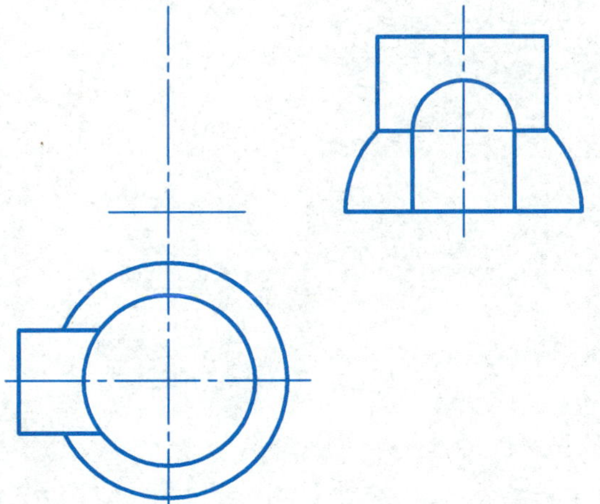

5. 画出正面投影。

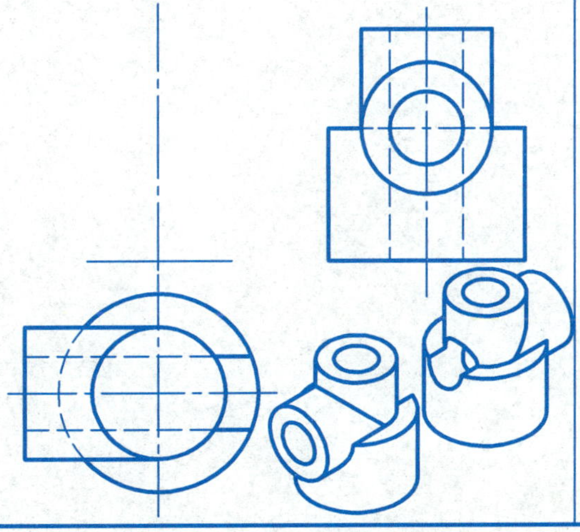

6. 补全立体的正面投影和侧面投影。

1. 画出两圆柱相贯的侧面投影。

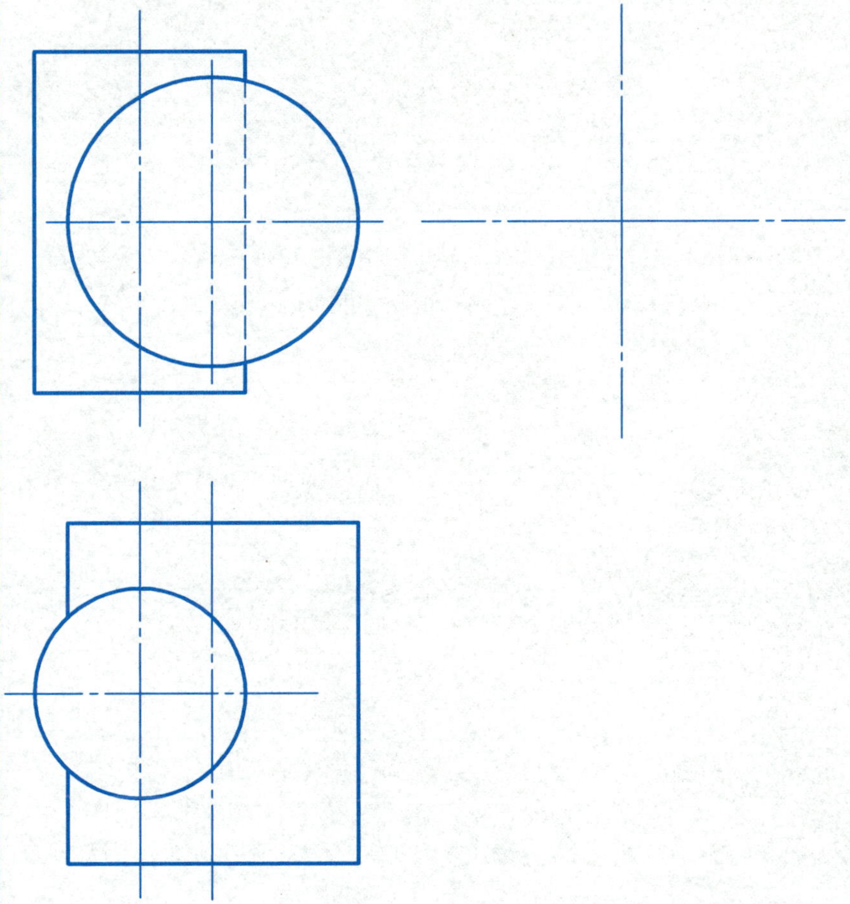

2. 补全圆柱与圆锥相贯的水平投影和侧面投影。

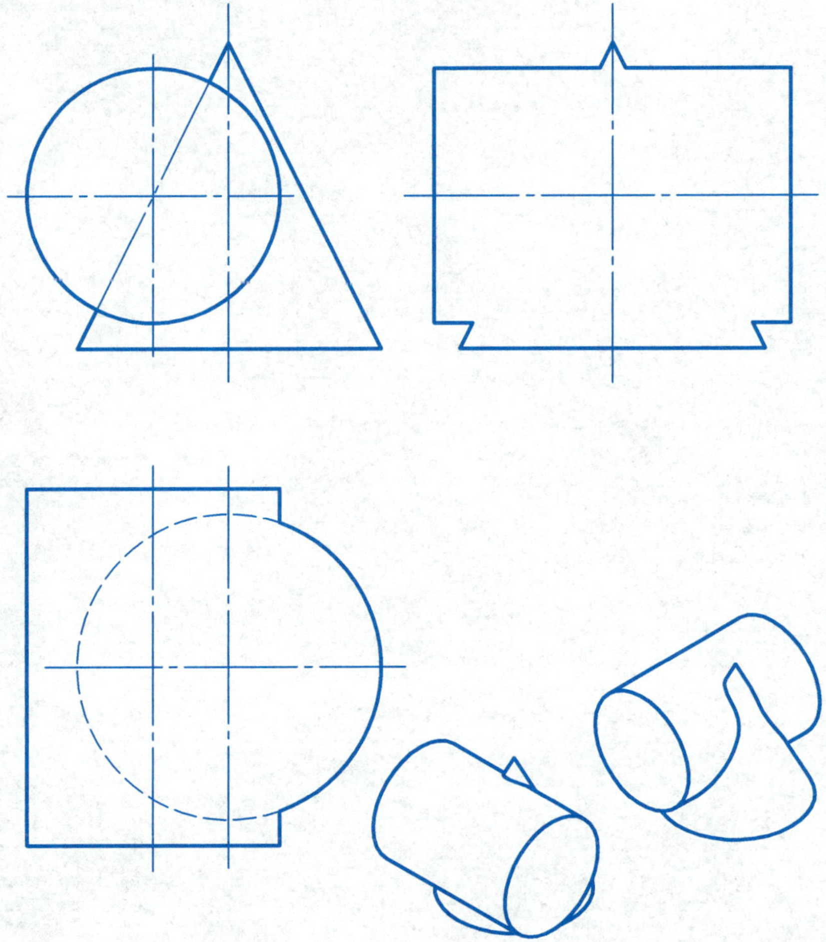

班 级		姓 名		学 号		25

1\. 补全圆柱和圆锥相贯的正面投影。

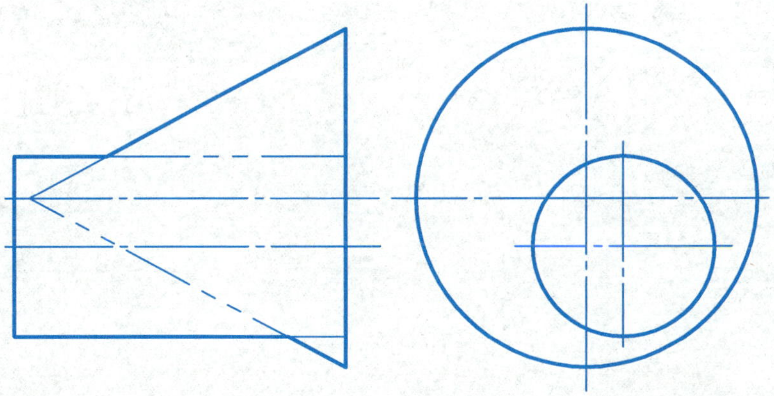

2\. 补全圆柱和圆锥相贯的水平投影。

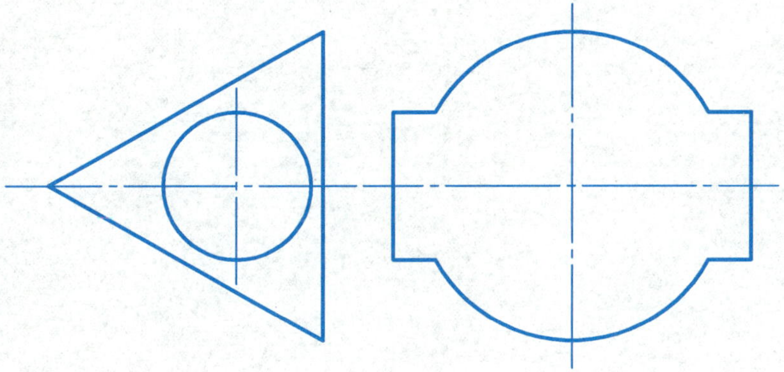

3\. 补全圆锥和球相贯的正面投影和水平投影。

4\. 补全圆柱和圆锥相贯的正面投影和水平投影。

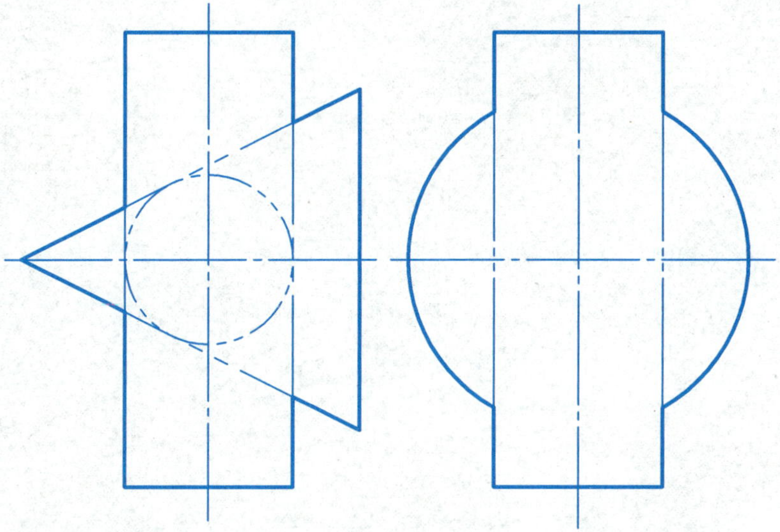

选择正确的左视图，在括号内画√。

(1)

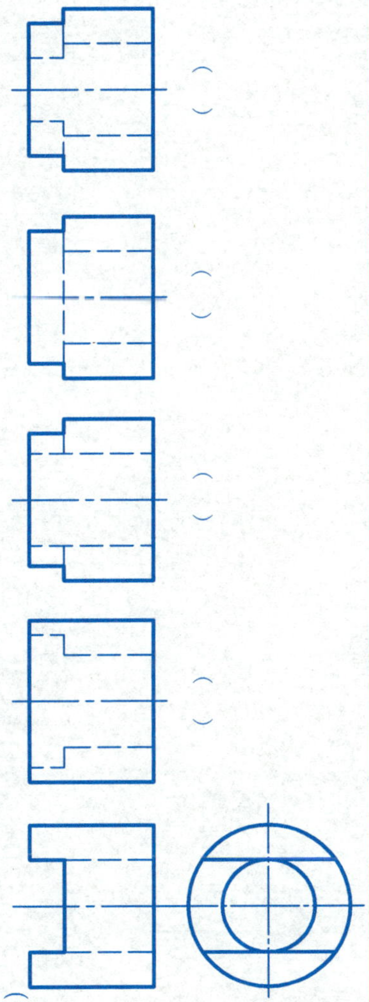

(2)

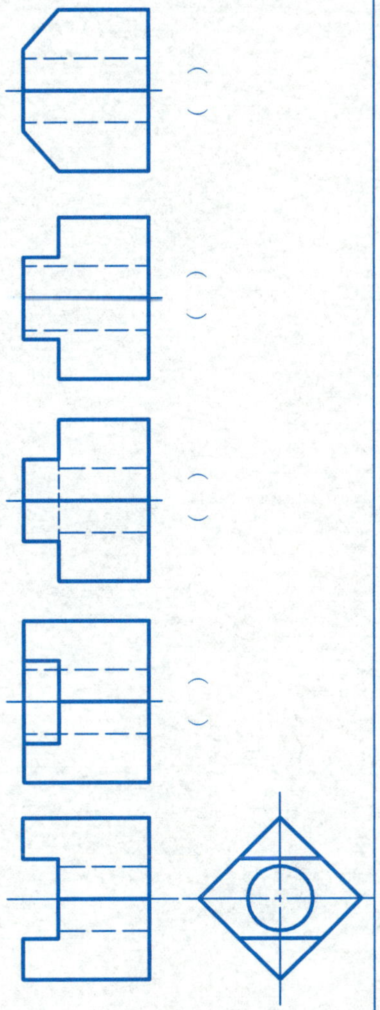

(3)

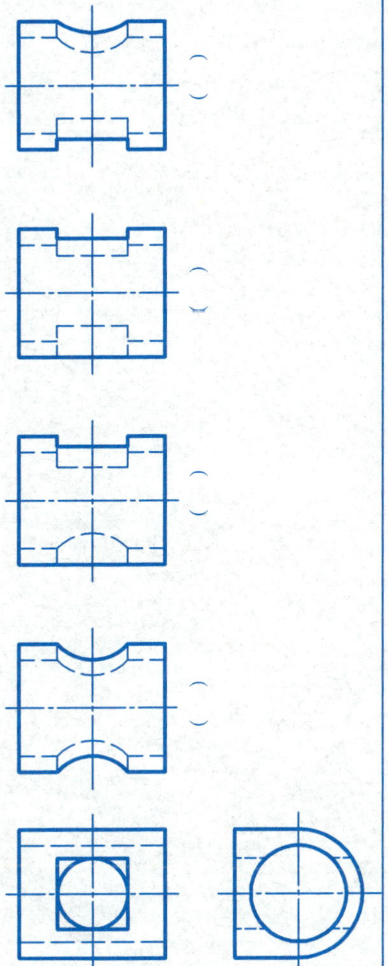

(4)

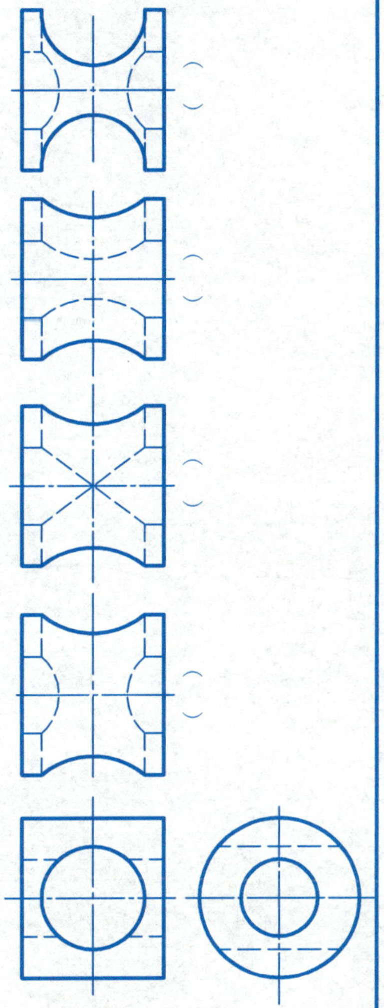

第五章 组合体的三视图 组合体的画图	班 级		姓 名		学 号		27

参照立体图，补画立体的另外两个视图，并比较（a）、（b）的异同。

1（a）

1（b）

2（a）

2（b）

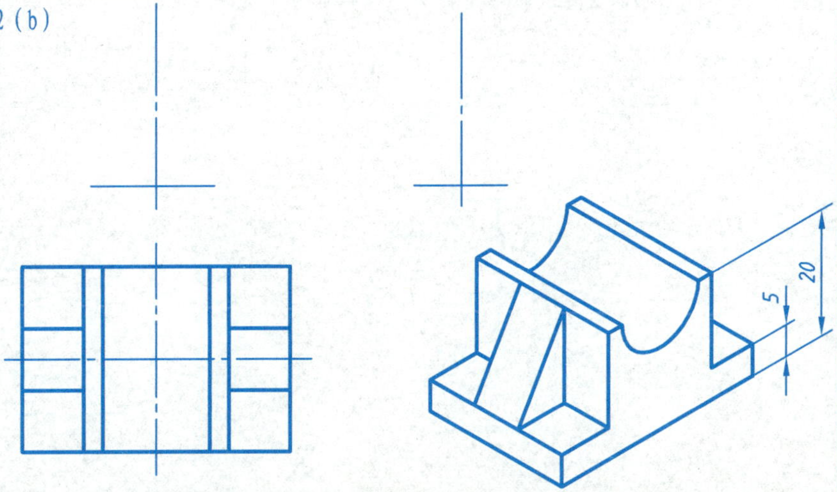

参照立体图，补画立体的另外两个视图，并比较（a）、（b）的异同。

1（a）

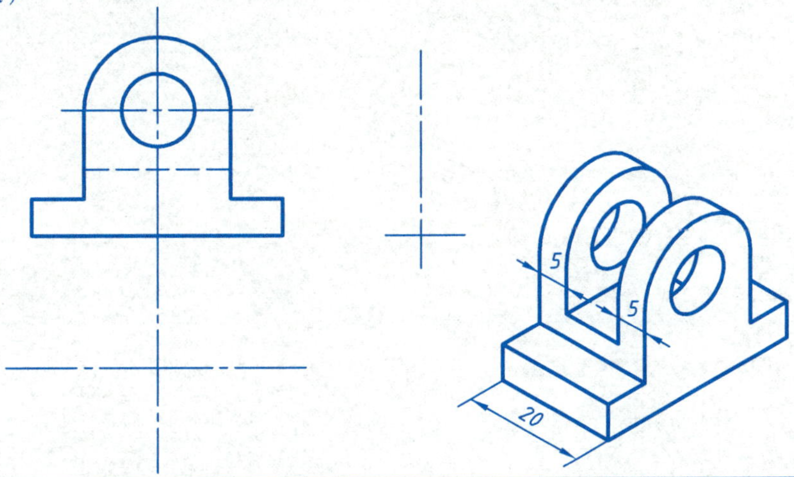

1（b）

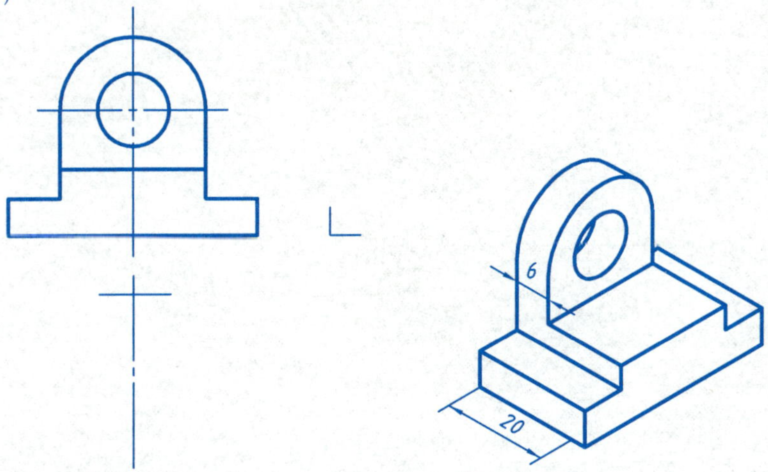

2（a）

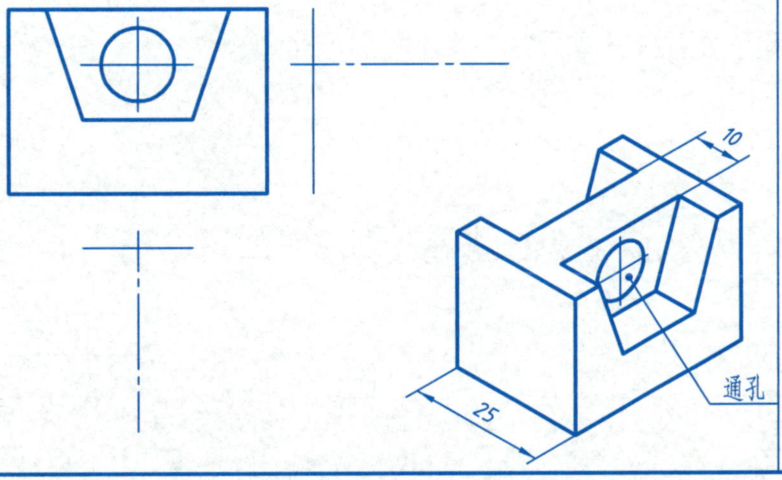

2（b）

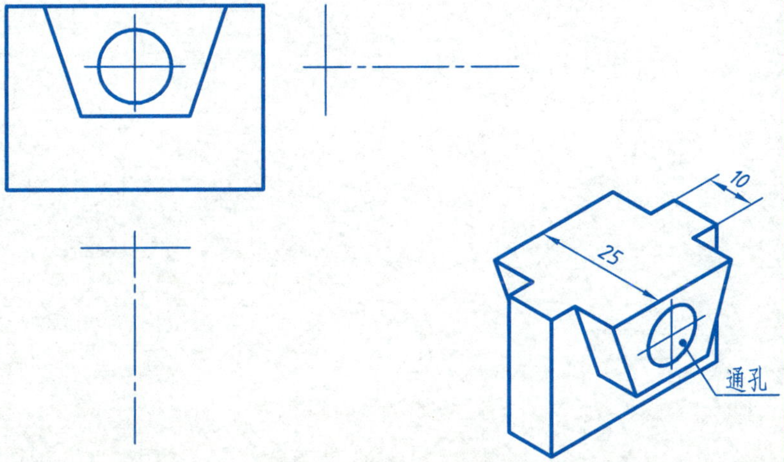

补画视图中的漏线。

(1)

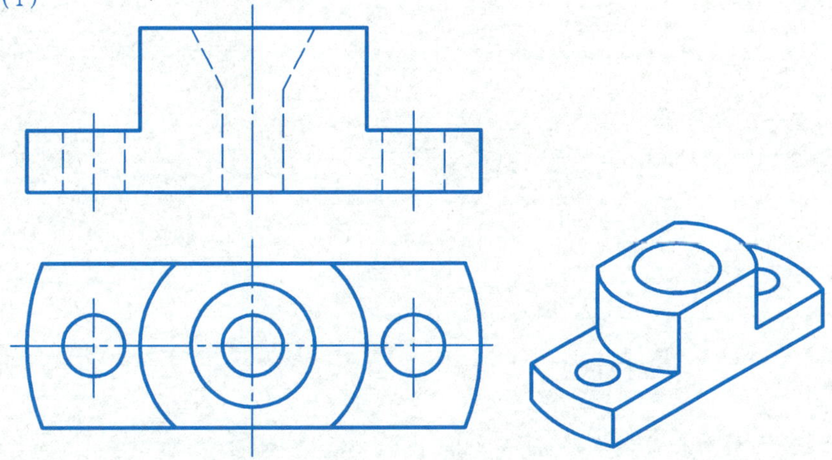

(2)

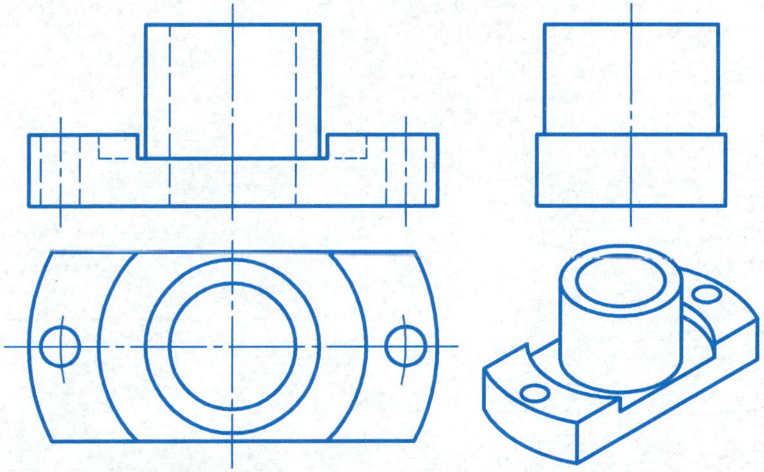

(3)

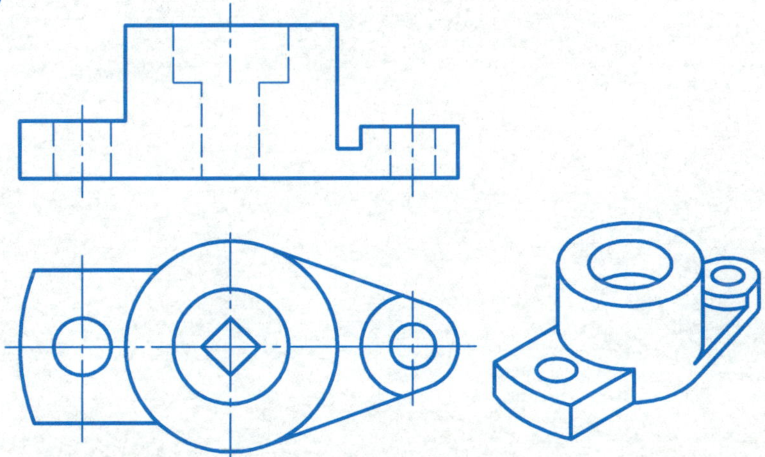

(4)

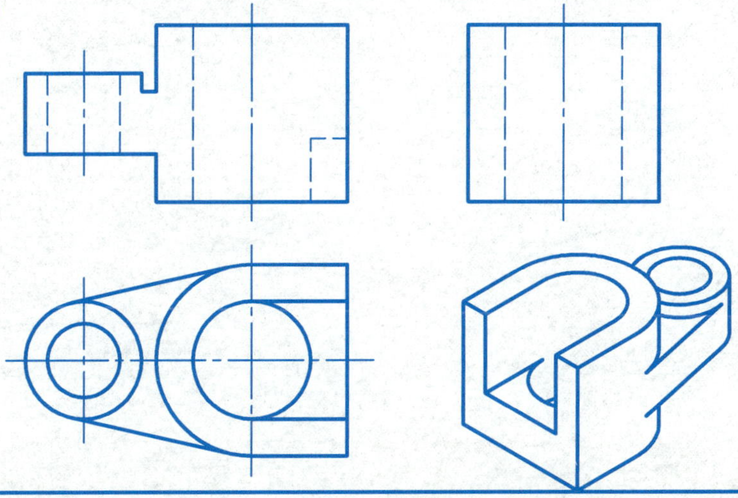

第五章　组合体的三视图　　组合体的画图	班级		姓名		学号		30

根据立体图及所标尺寸，在指定位置按1:1的比例绘制组合体的三视图，立体中的孔、槽均为通孔、通槽。

(1)

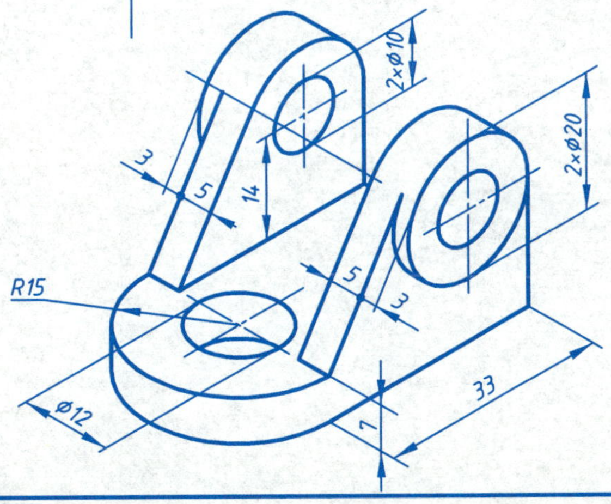

(2)

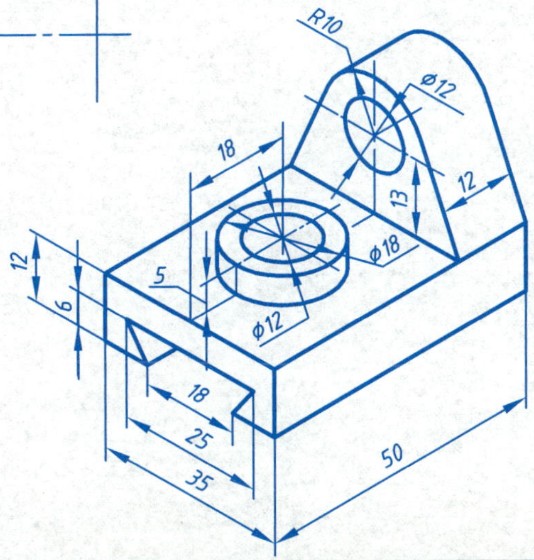

根据已知的两个视图，选择正确的第三视图，在括号内画√。

(1)

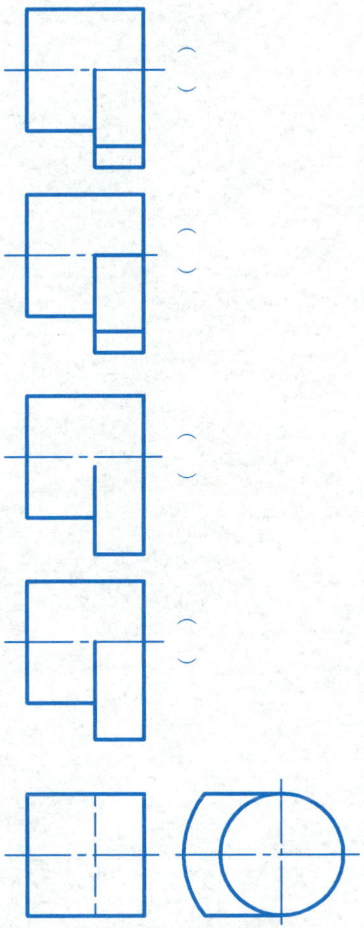

(2)

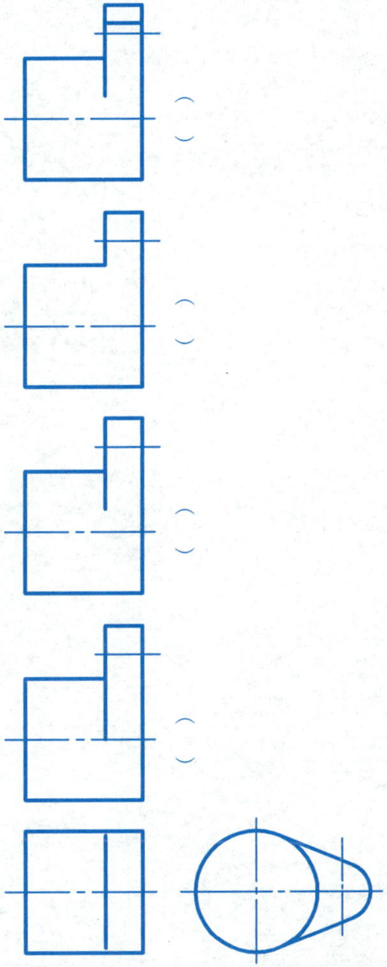

(3)

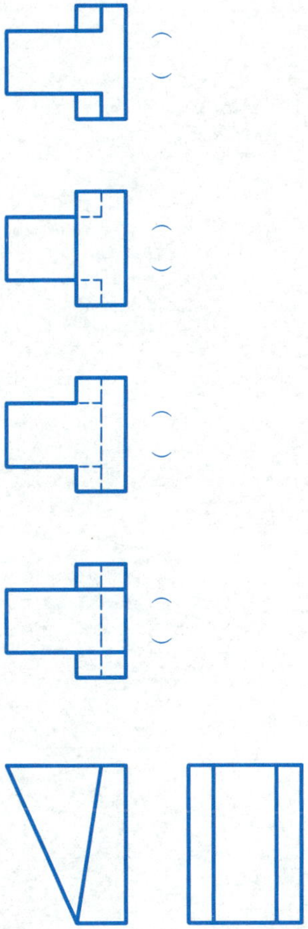

(4)

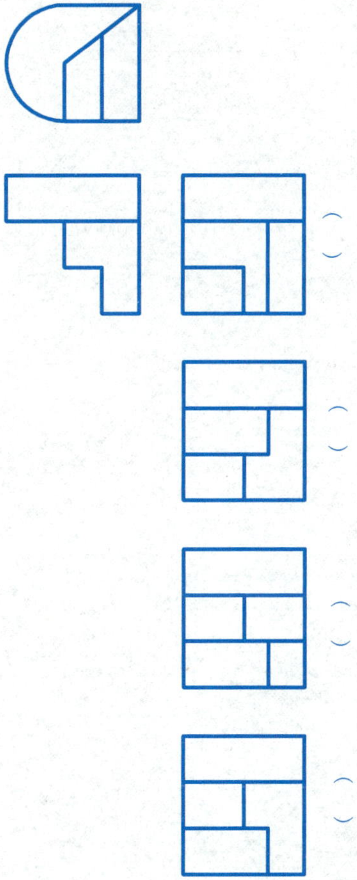

已知两个视图，补画第三视图。

(1)

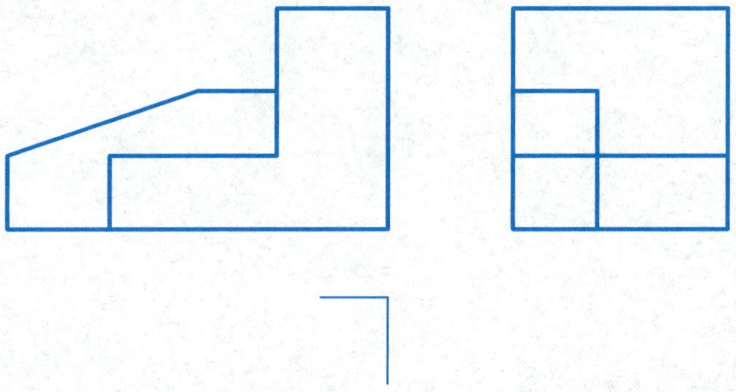

(2)

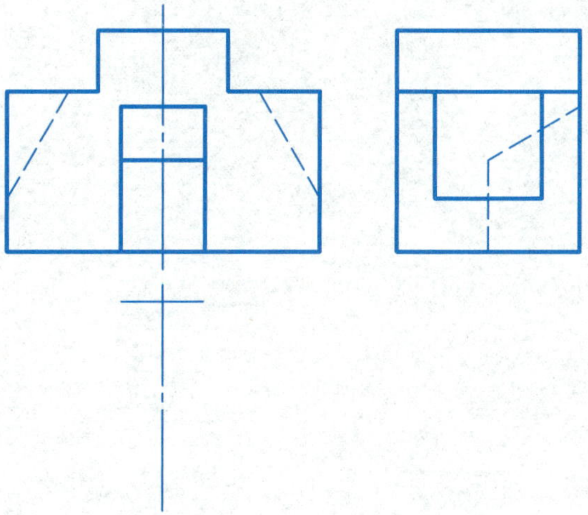

(3)

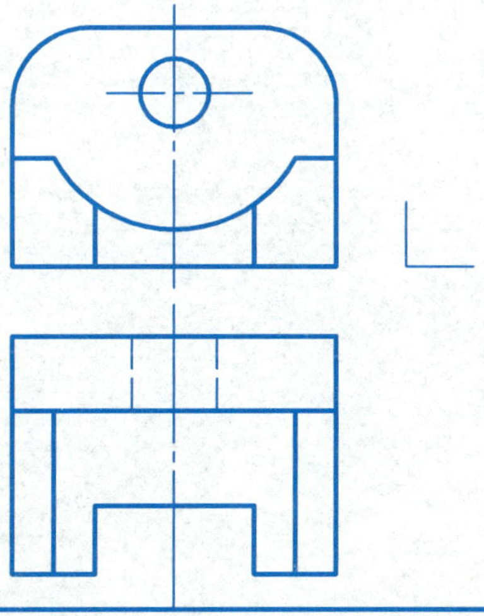

(4)

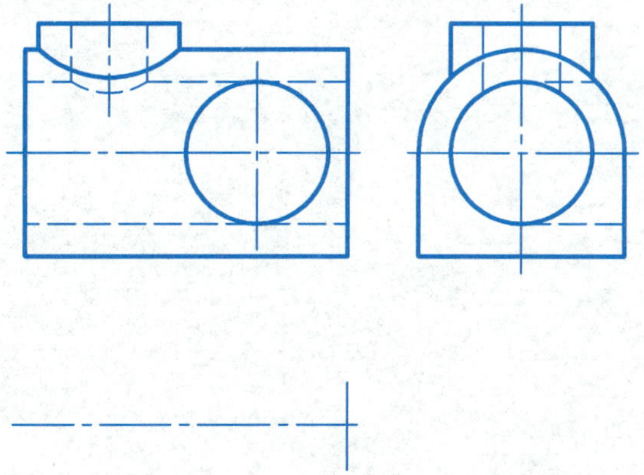

已知两个视图，补画第三视图。

(1)

(2)

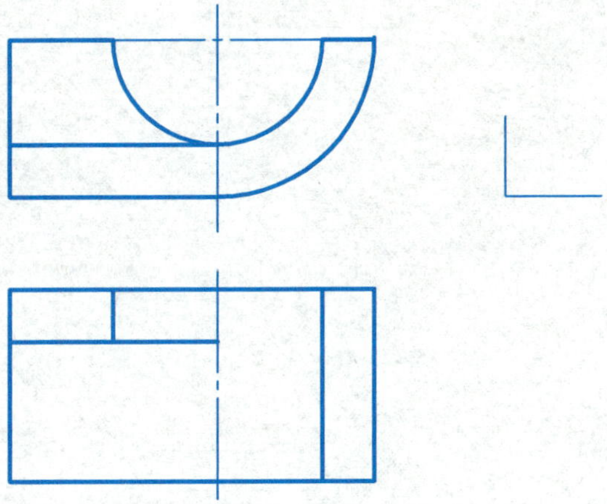

(3)

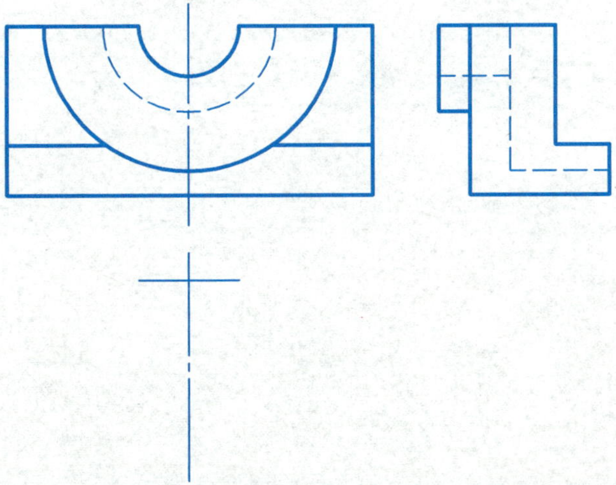

(4)

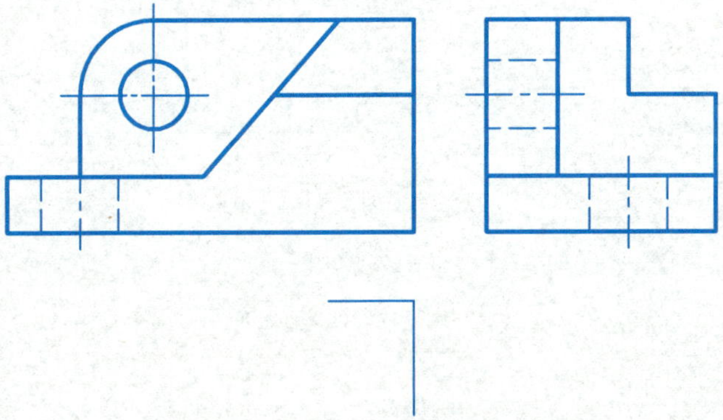

第五章　组合体的三视图　　组合体的看图	班 级		姓 名		学 号		34

补画视图中的漏线。

(1)

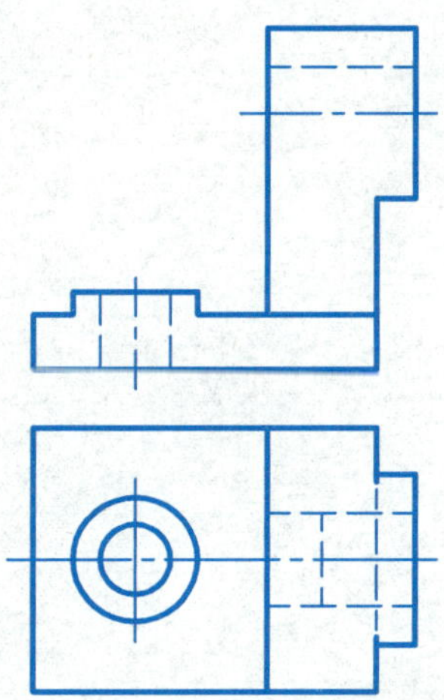

(2)

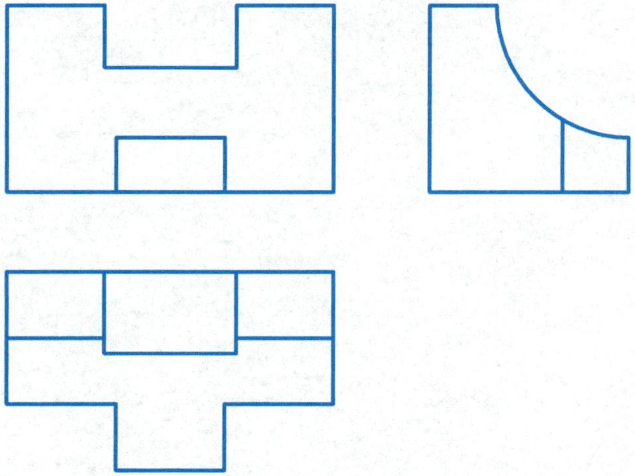

(3)

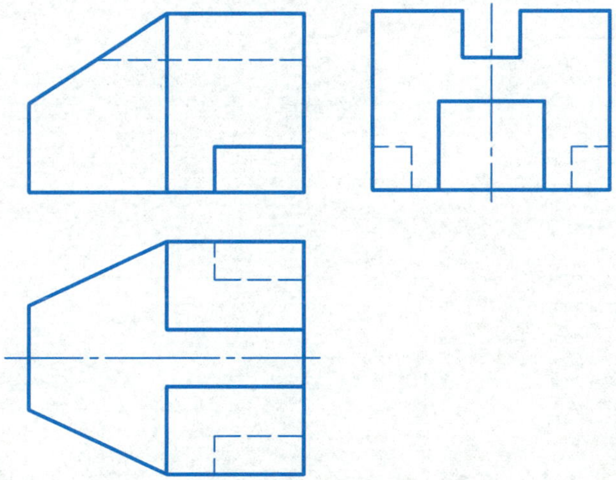

(4)

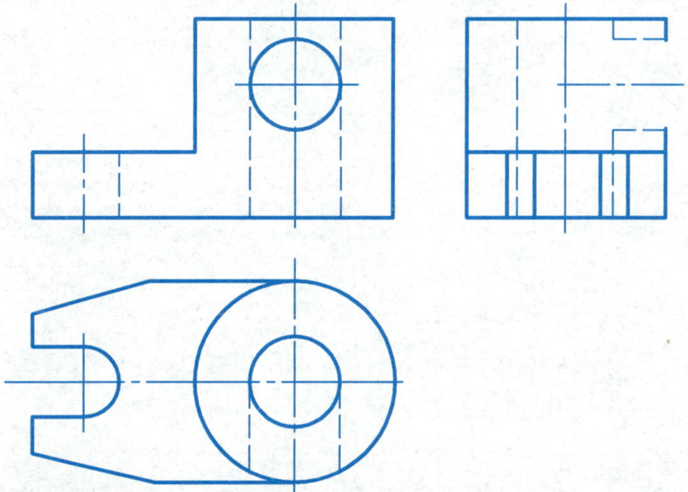

已知两个视图，补画第三视图。

(1)

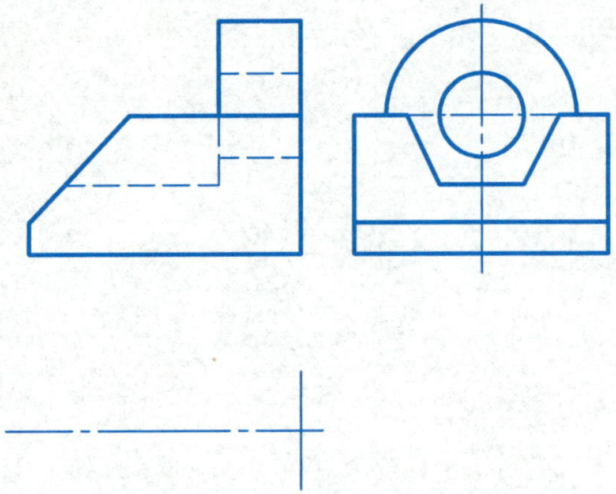

(2)

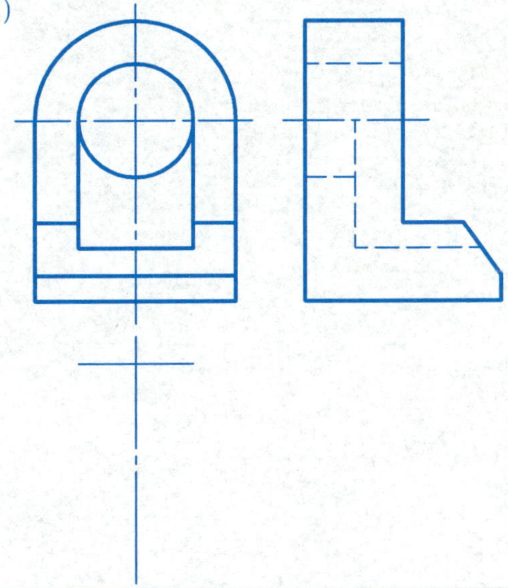

(3)

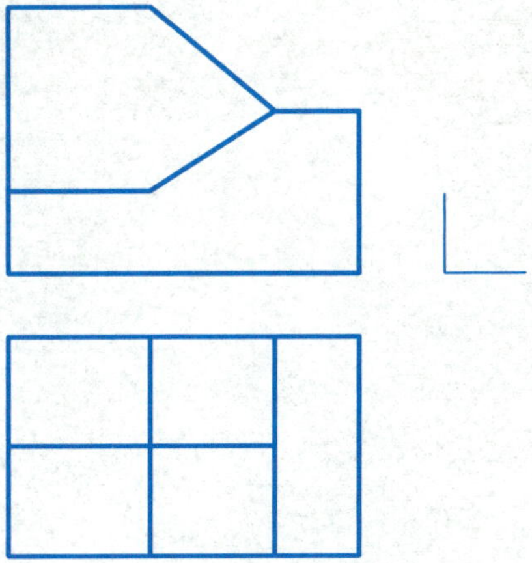

(4)

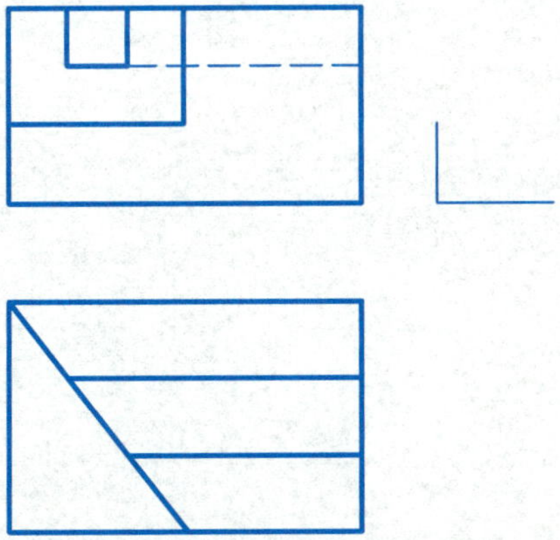

(5)

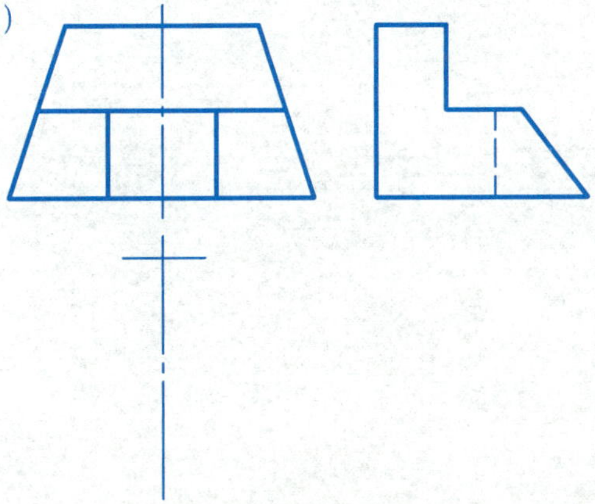

(6)

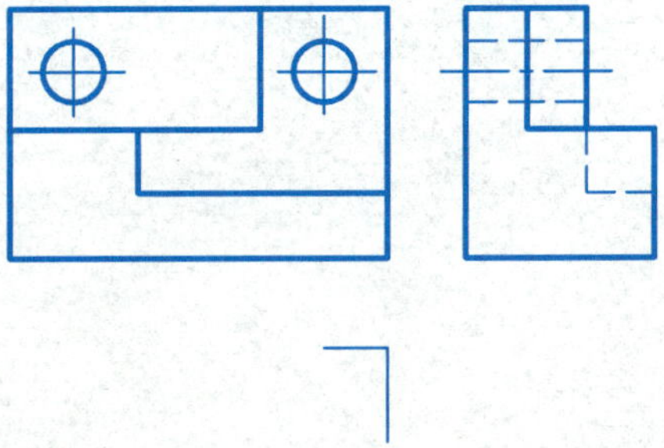

已知两个视图，补画第三视图。

(1)

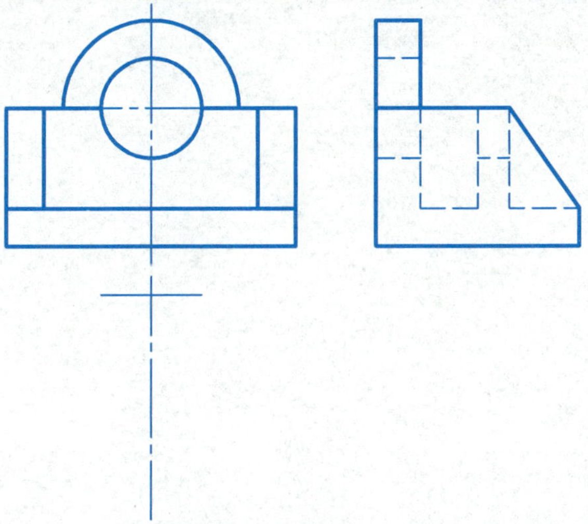

(2)

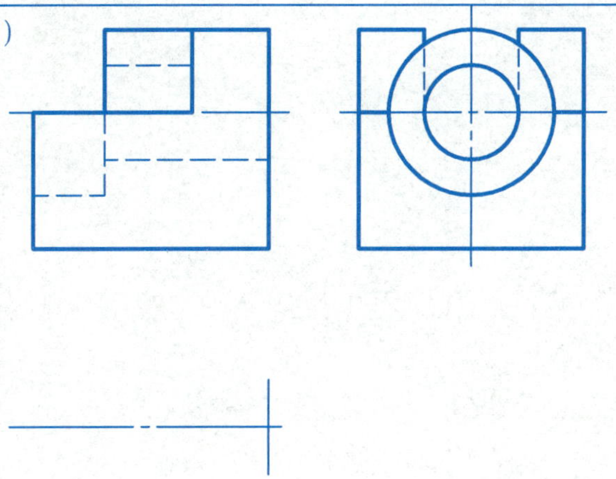

(3)

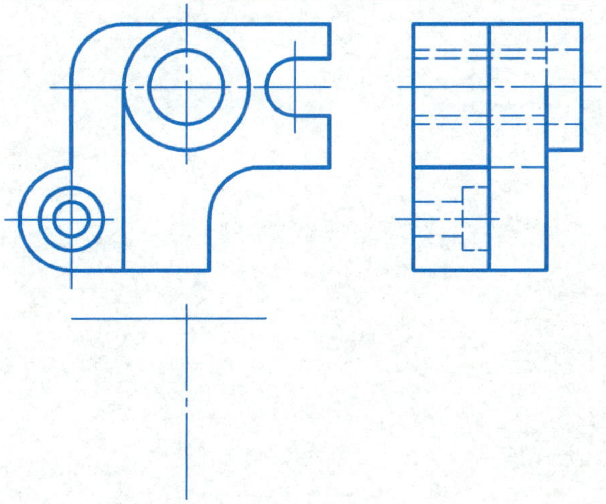

(4)

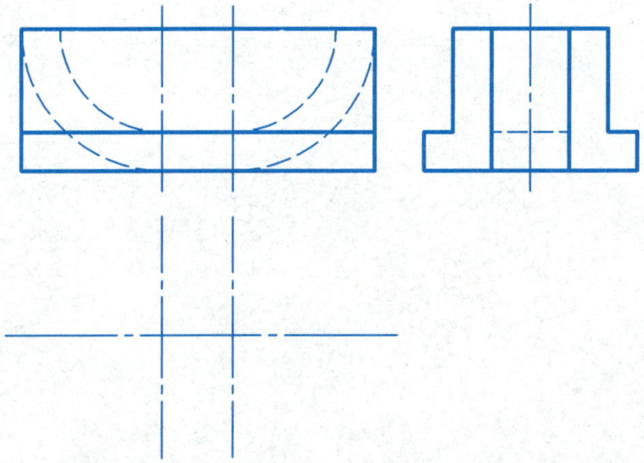

班级		姓名		学号		

已知两个视图，补画第三视图。

(1)

(2)

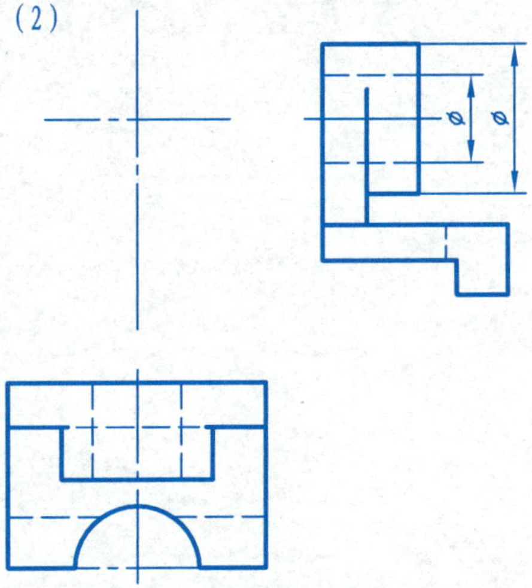

(3)

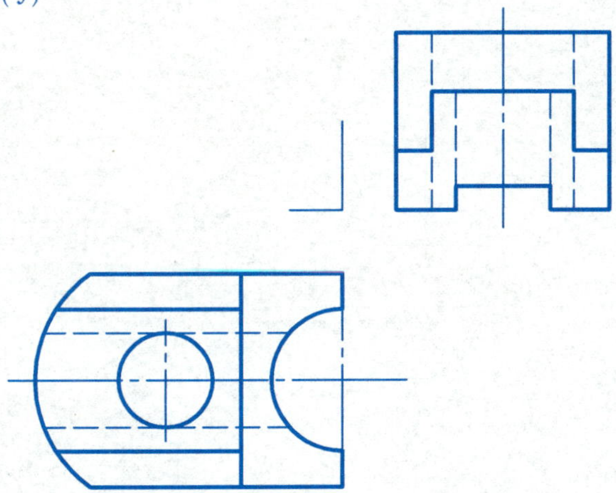

(4)

(5)

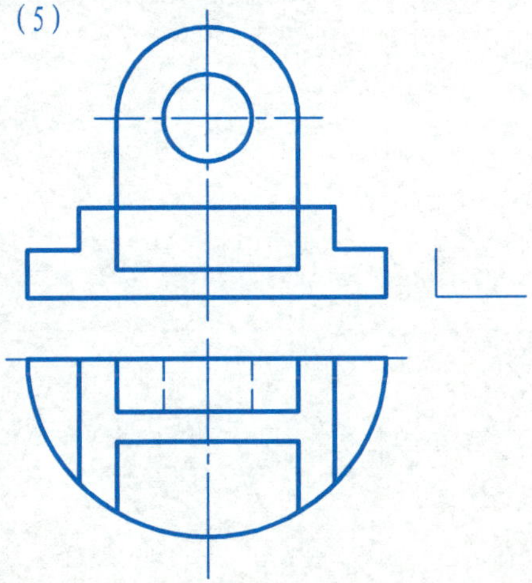

(6)

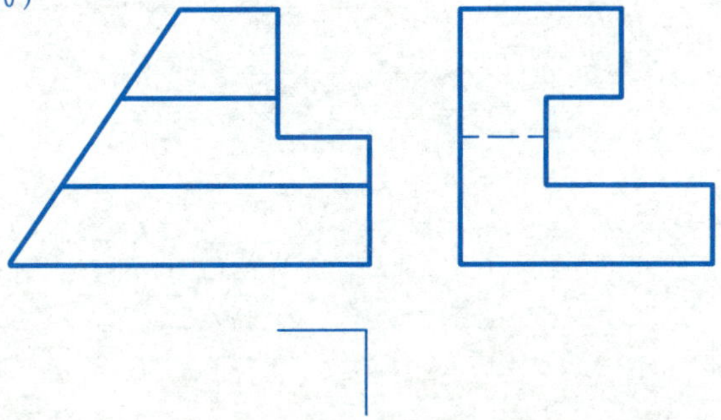

根据已知的两个视图，选择正确的第三视图，在括号内画√。

(1)

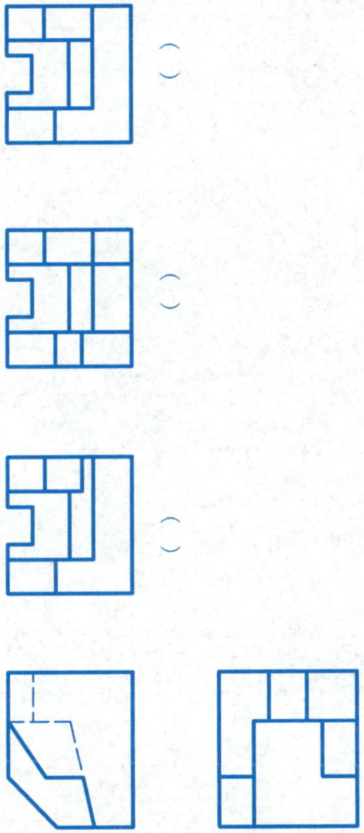

(2)

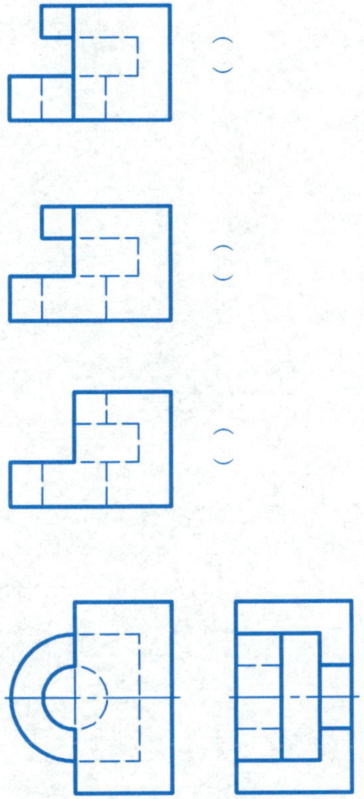

(3)

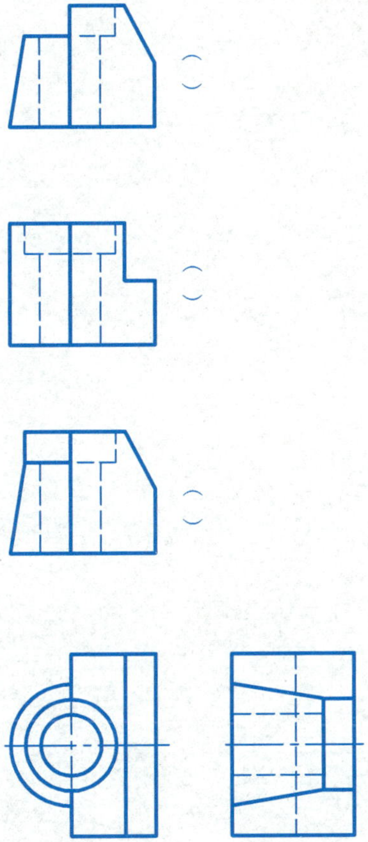

(4)

班级		姓名		学号		39

1. 看懂组合体的视图，进行尺寸分析，并填空。

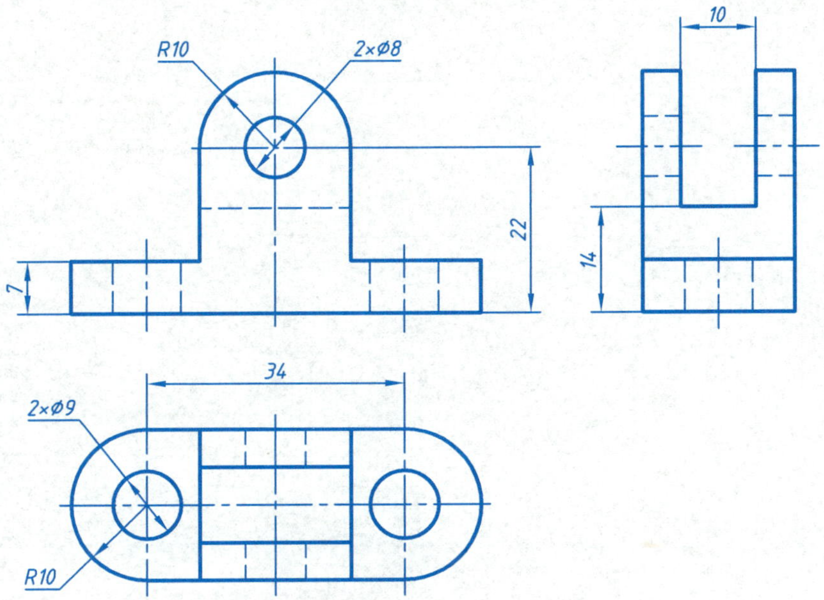

(1) 长度方向的尺寸基准为____________，

宽度方向的尺寸基准为____________，

高度方向的尺寸基准为____________。

(2) 组合体的总长为____，总宽为____，总高为____。

(3) 主视图中的圆孔的定形尺寸为___，定位尺寸为___。

2. 分析组合体的尺寸标注，补全视图中漏标的尺寸。

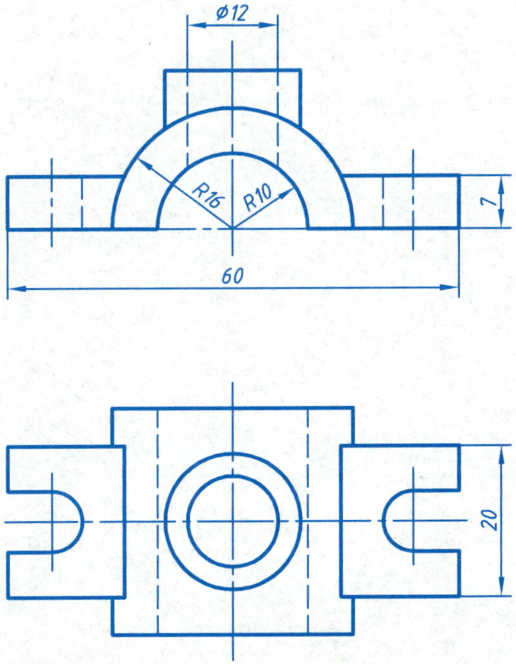

班 级		姓 名		学 号		40

标注组合体的尺寸，尺寸数值按1:1的比例从图中直接量取。

(2)

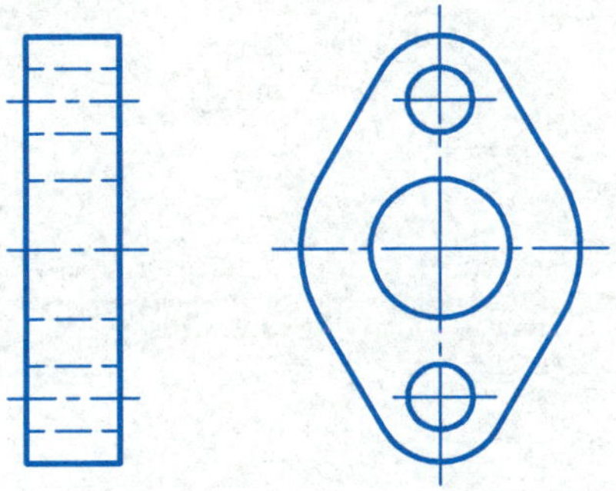

(1)

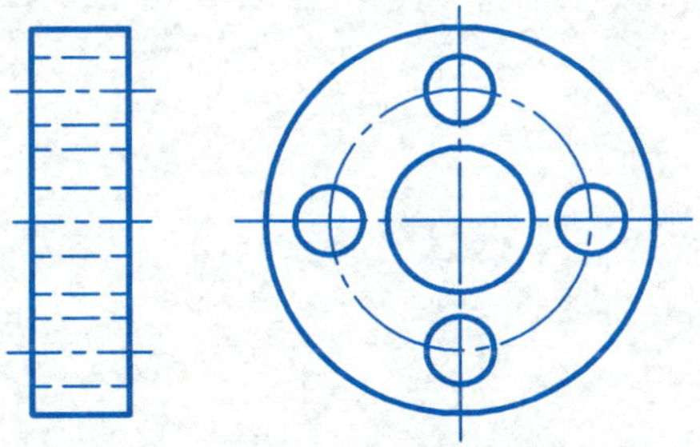

(4)

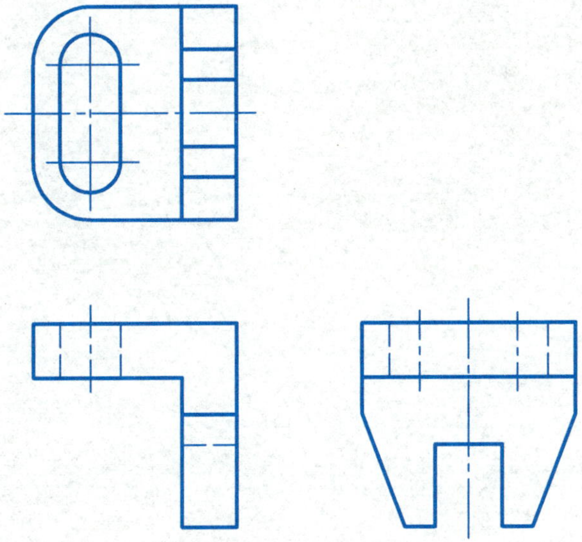

(3)

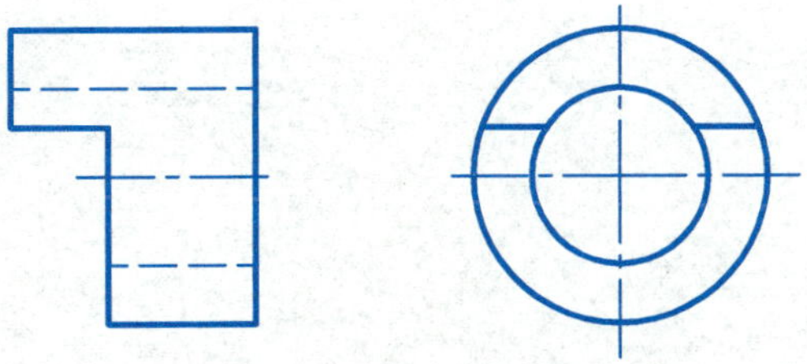

标注组合体的尺寸，尺寸数值按1:1的比例从图中直接量取。

(1)

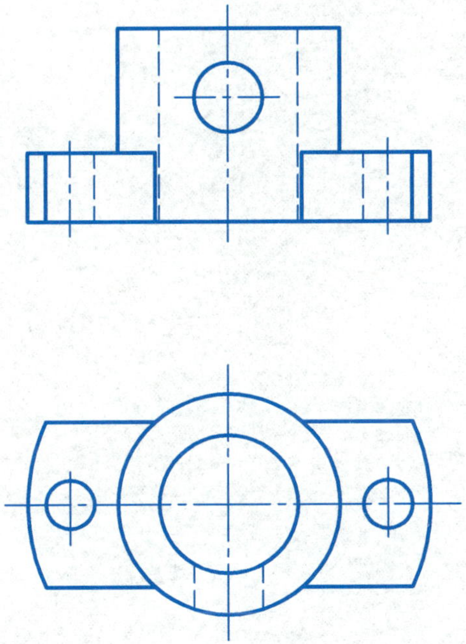

(2)

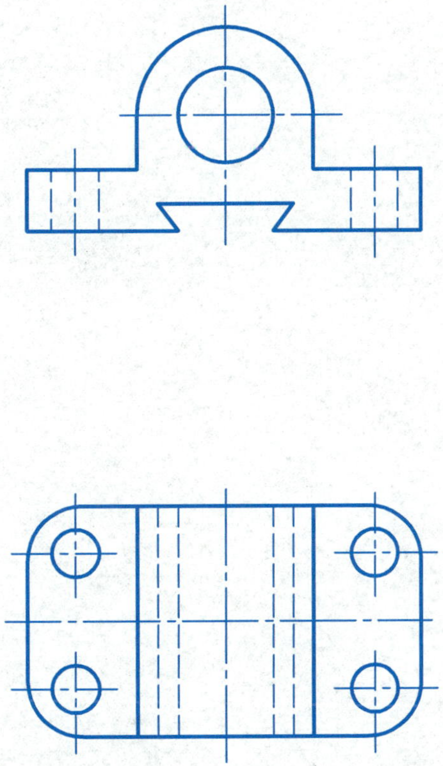

(3)

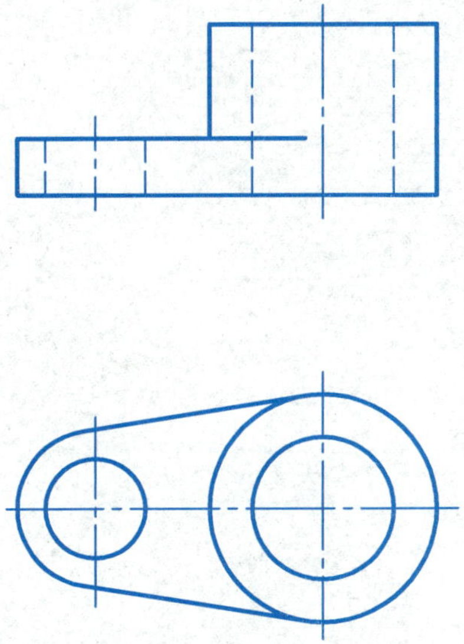

1. 根据两个视图想象组合体的形状，①补画所缺的第三视图；②用SolidWorks软件建模、生成三视图，并标注尺寸；③两相对照检查自己补画的视图是否正确。

(1)

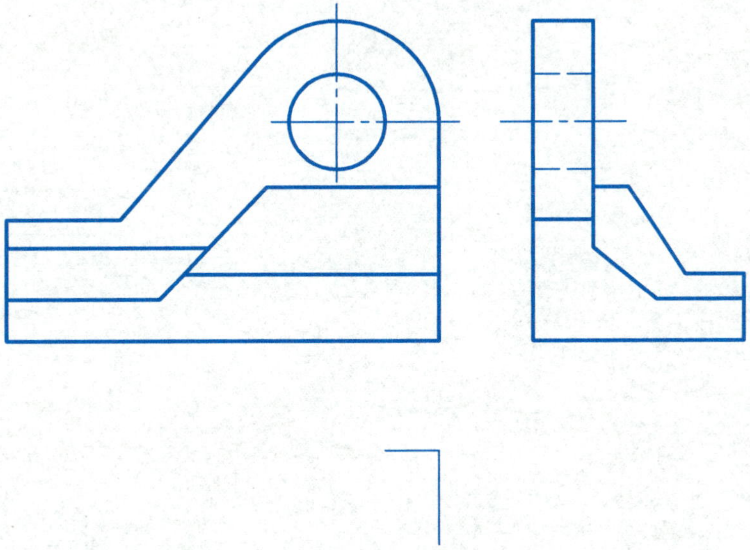

(2)

2. 在前面各页所做作业中挑选自认为有难度的试题，用SolidWorks软件建模、生成三视图。两相对照检查自己补画的视图或漏线是否正确。

3. 将前面各页所做作业中标注尺寸的试题，用SolidWorks软件建模，检查自己所标注的尺寸是否齐全、建模是否方便。

1. 根据两个视图，构思不同形状的组合体，补画所缺的第三视图。

(1)

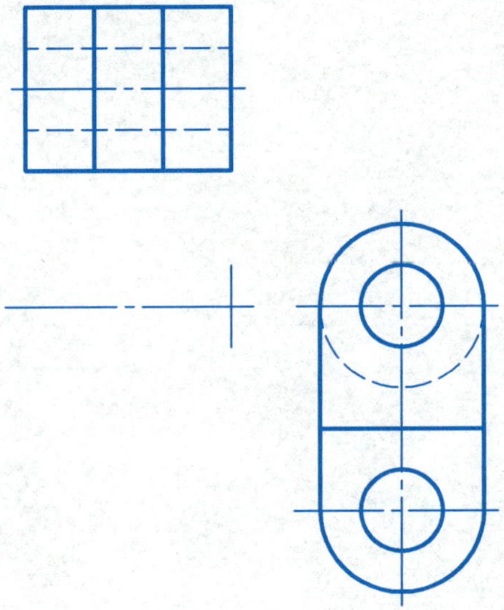

(2)

2. 根据主视图，构思不同形状的组合体，补画其俯视图和左视图。

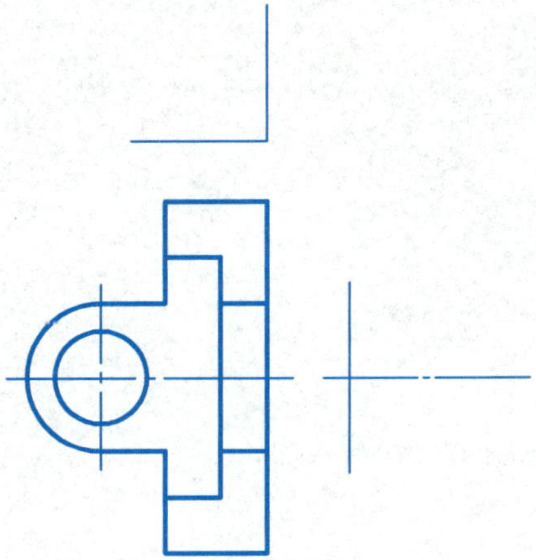

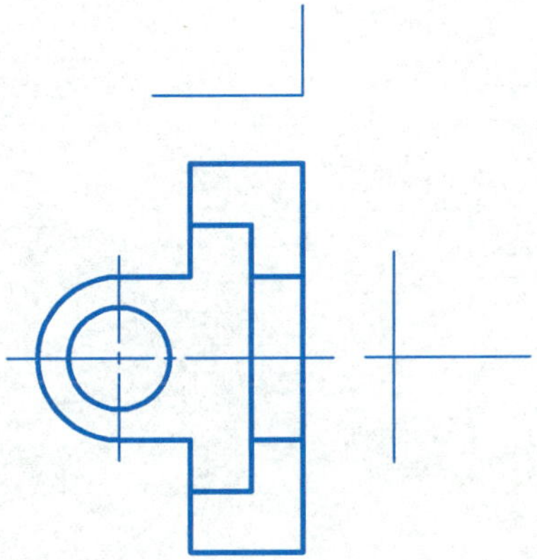

第六章 轴测投影 正等测	班 级		姓 名		学 号		44

画出下列物体的正等测。

(1)

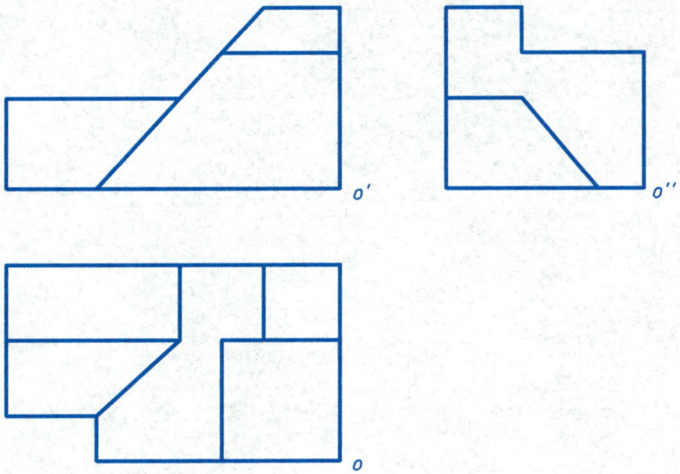

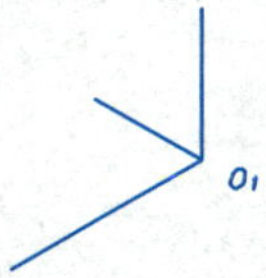

(2)

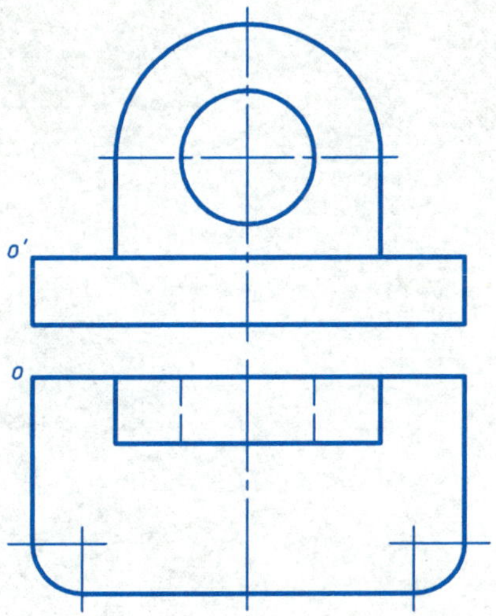

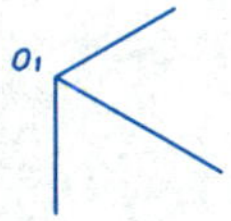

(1)

画出下列物体的正等测。

(1)

(2)

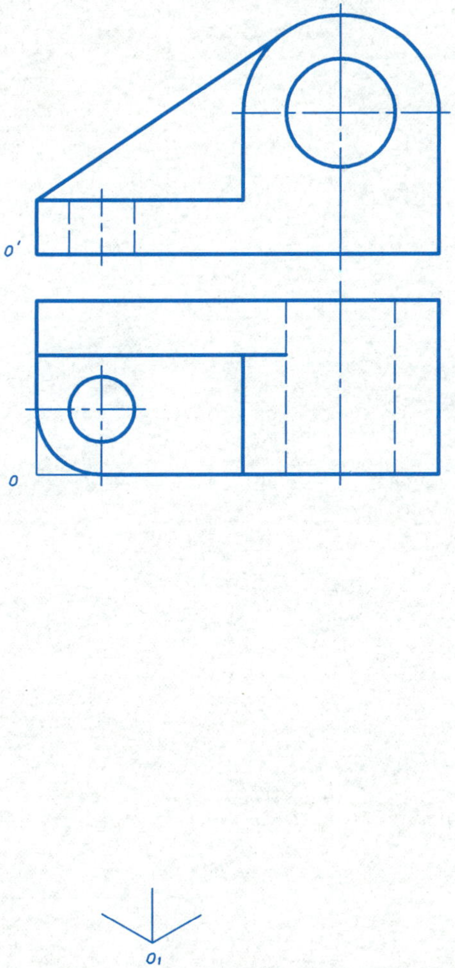

画出下列物体的斜二测。

(1)

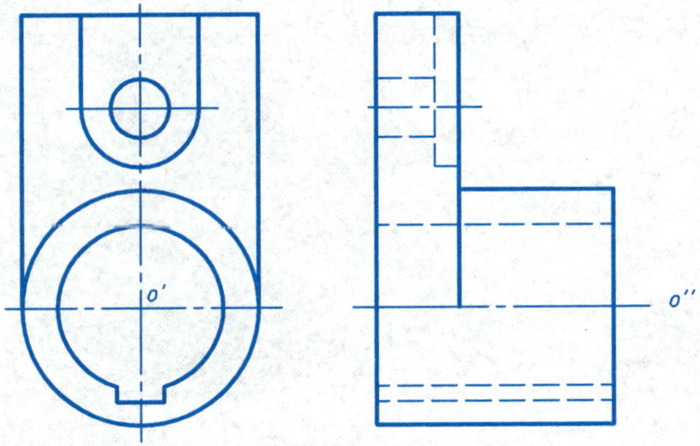

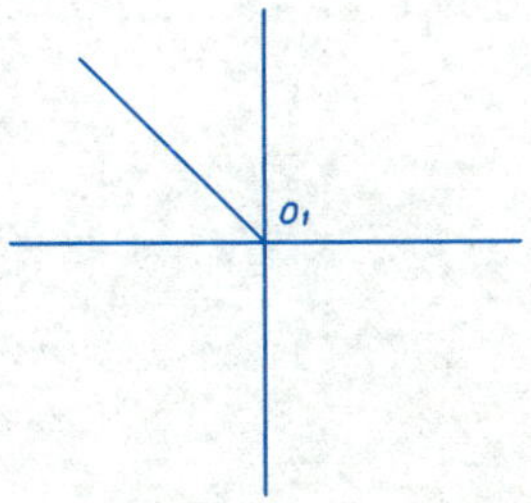

(2)

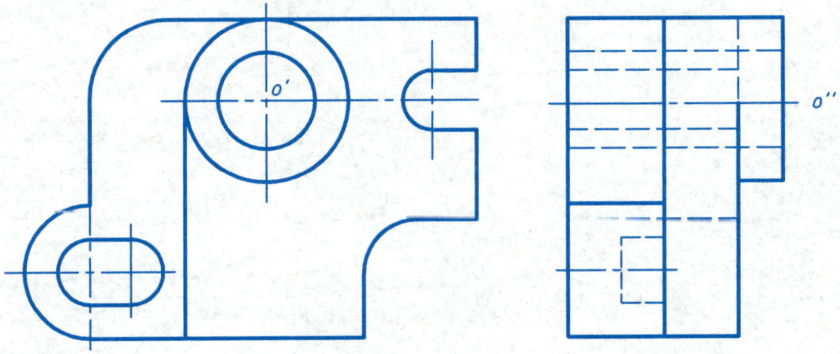

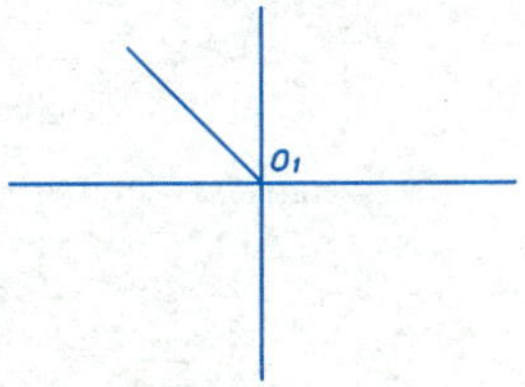

1. 根据立体图及主、俯、左视图，画出右视图、仰视图及A向视图；在SolidWorks中建模，并生成相应的工程图，尺寸按1:1从图中量取。

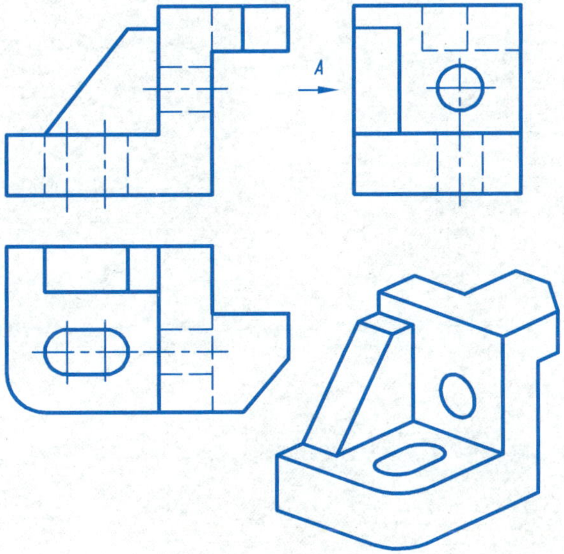

2. 根据立体图及主、俯视图，画出A向斜视图及B向和C向的局部视图；在SolidWorks中建模，并生成相应的工程图，尺寸按1:1从图中量取。

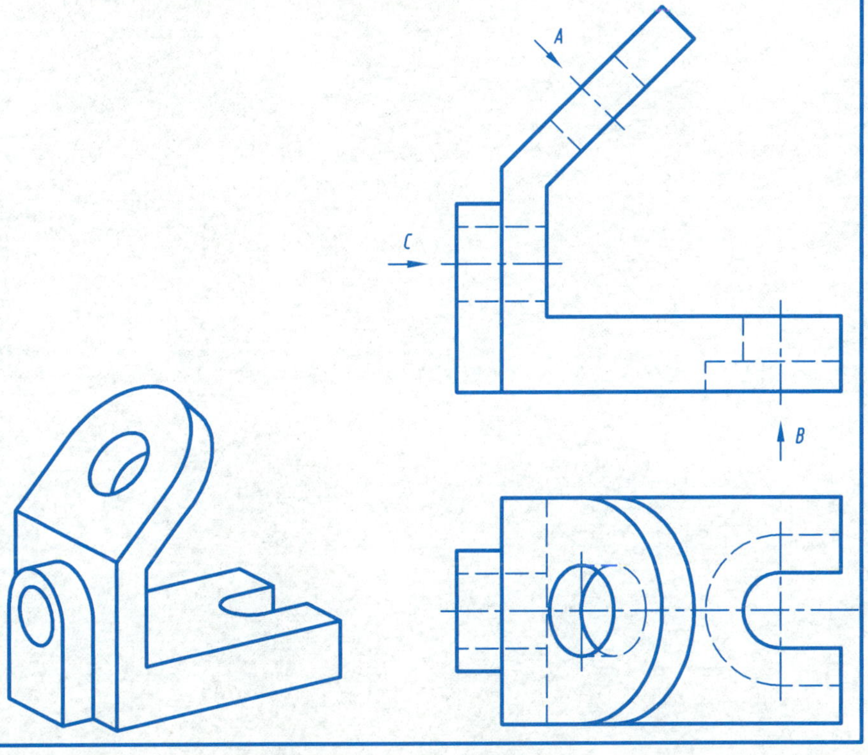

1. 根据给出的视图及立体剖切后的轴测图，补画剖视图中的漏线。

2. 补画剖视图中的漏线。

(1)

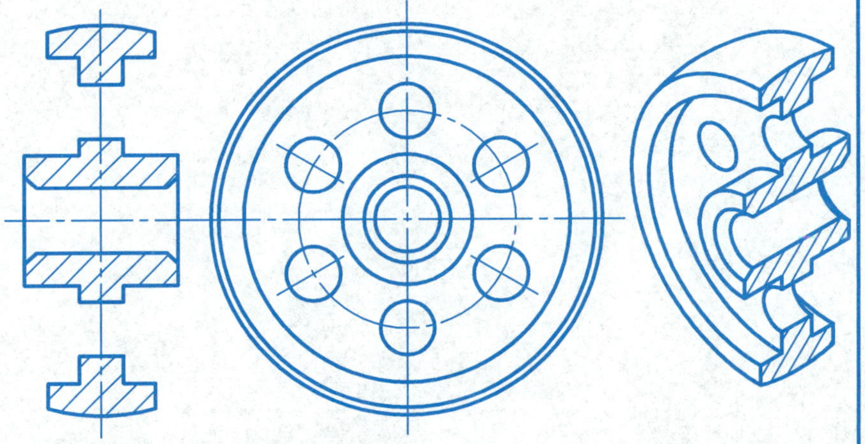

(2)

班级		姓名		学号		

在指定位置，将主视图画成全剖视图；在SolidWorks中建立（3）的模型，并生成相应的工程图，尺寸按1:1从图中量取。

（1）

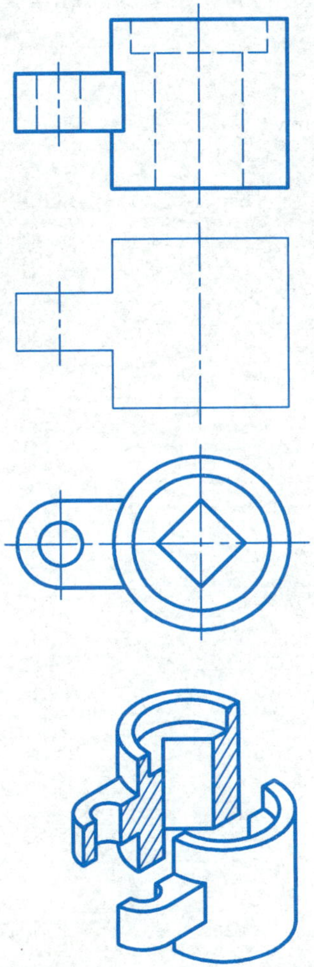

（2）

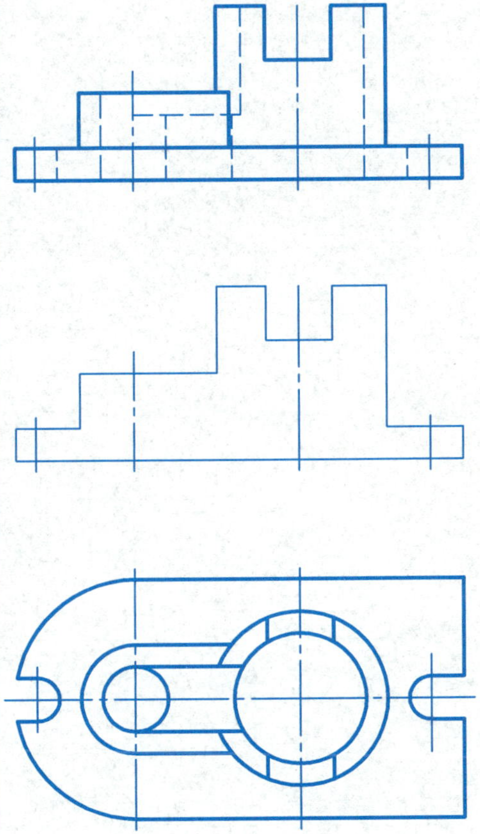

（3）

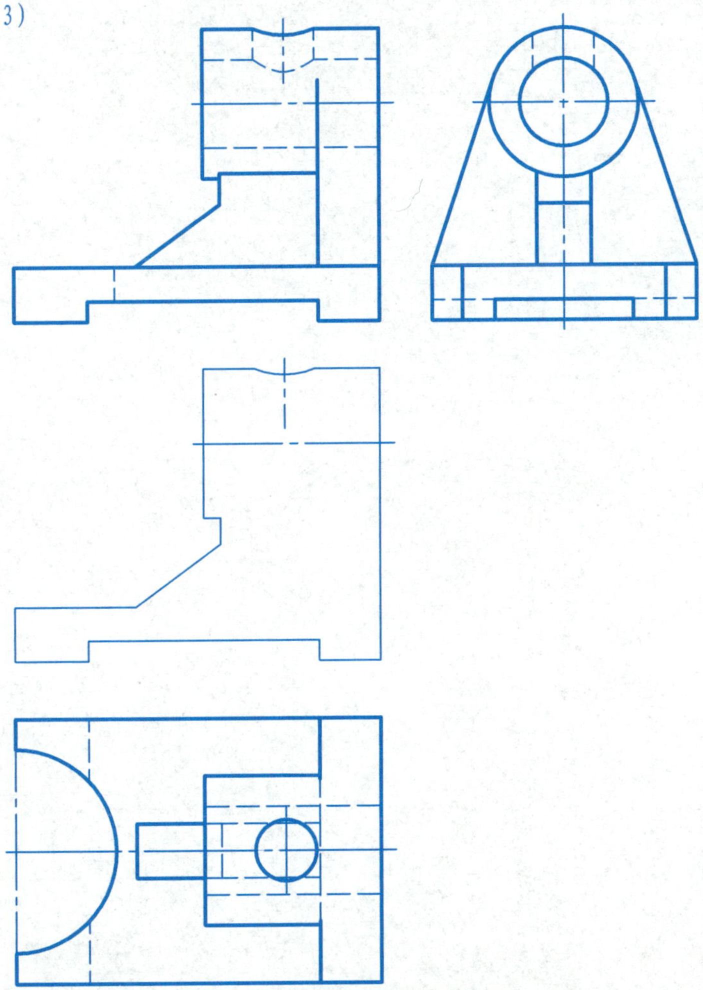

1. 在指定位置，将主视图画成半剖视图。

(1)

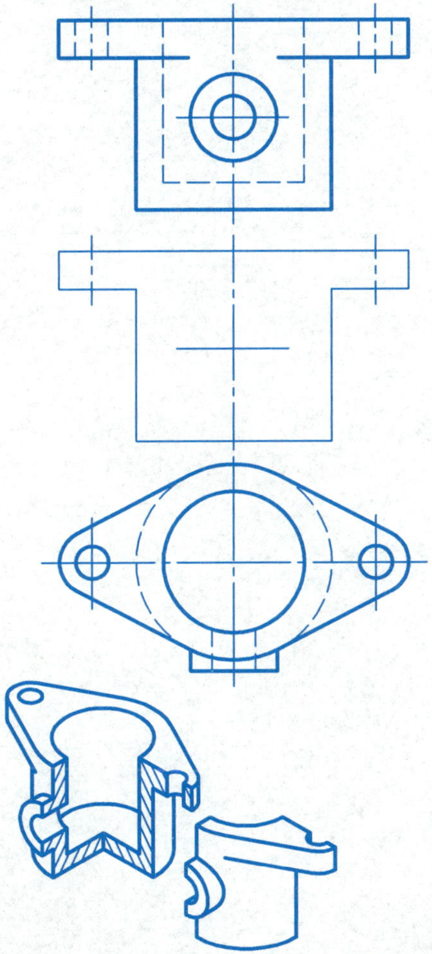

(2)

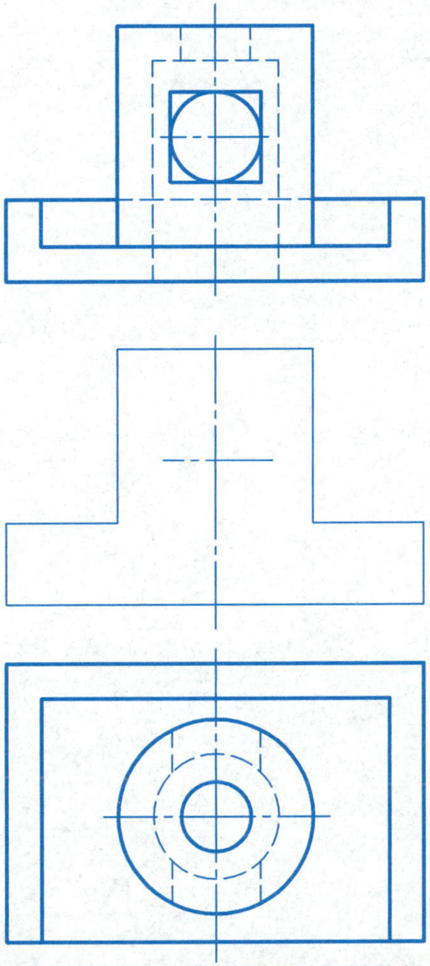

2. 在指定位置，将俯视图画成半剖视图；在SolidWorks中建模，并生成相应的工程图，尺寸按1:1从图中量取。

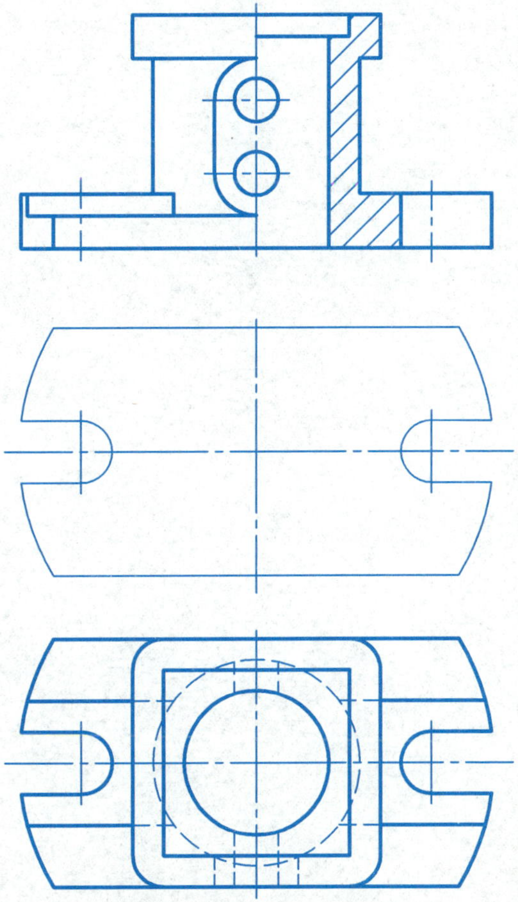

补画剖视图中的漏线。

(1)

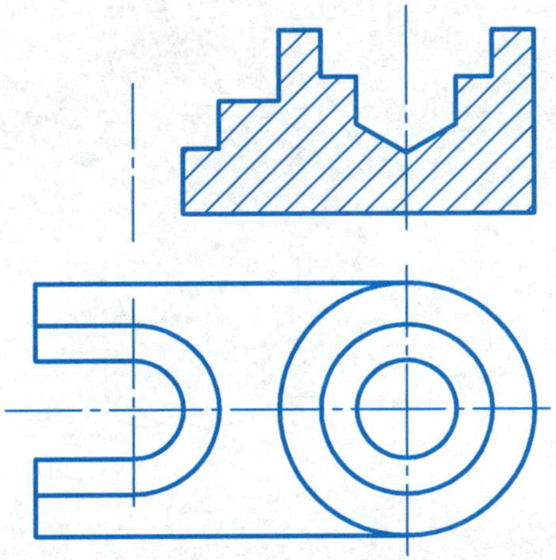

(2)

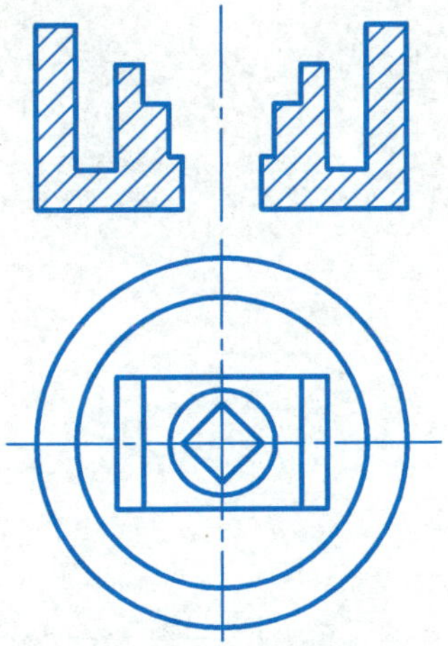

(3)

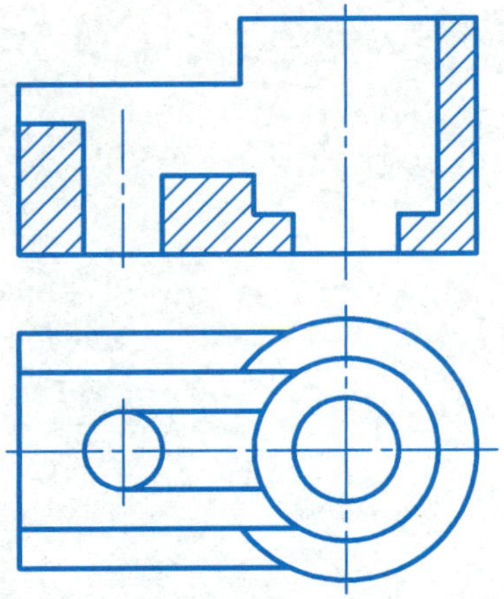

(4)

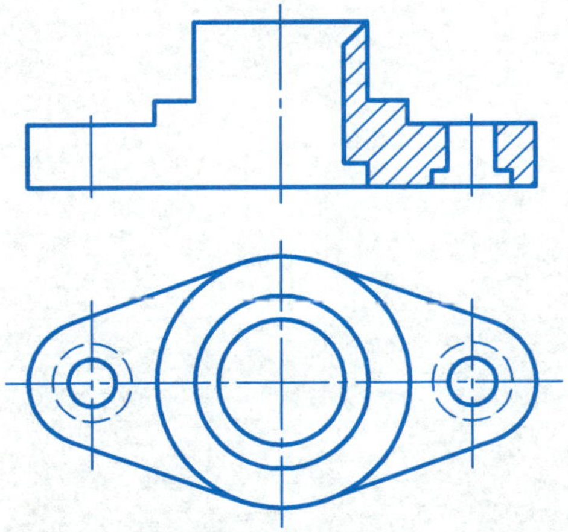

(5)

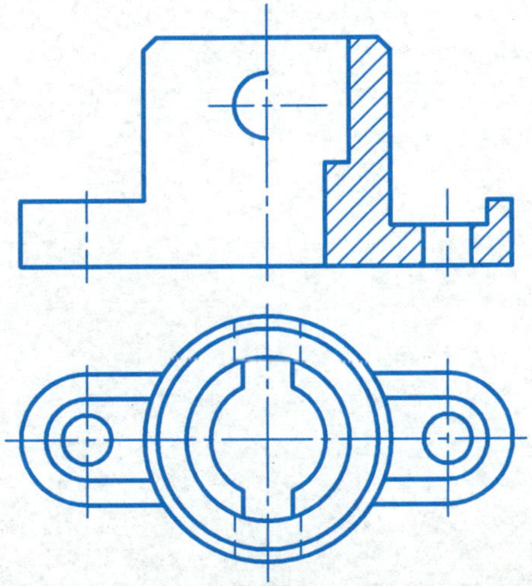

(6)

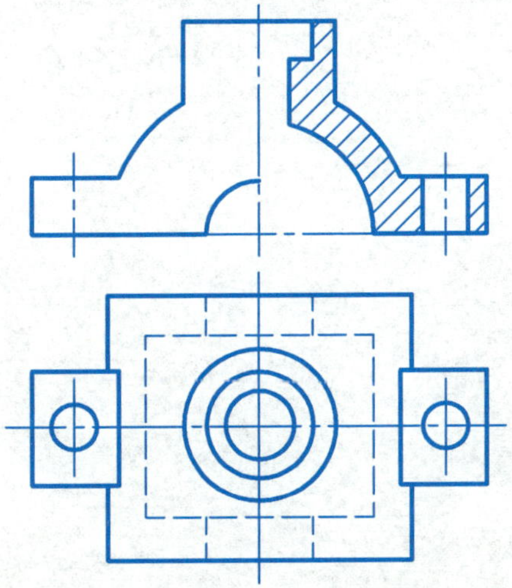

班级		姓名		学号		52

根据主、俯视图，在指定位置把主视图画成半剖视图，左视图画成全剖视图。

(1)

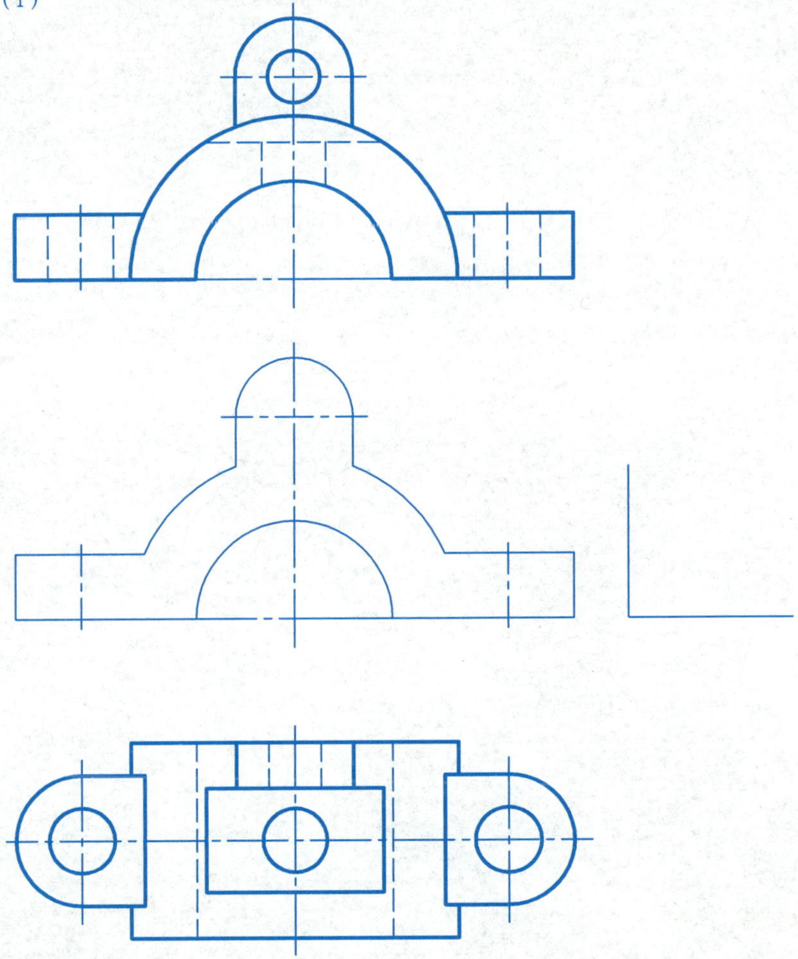

(2)

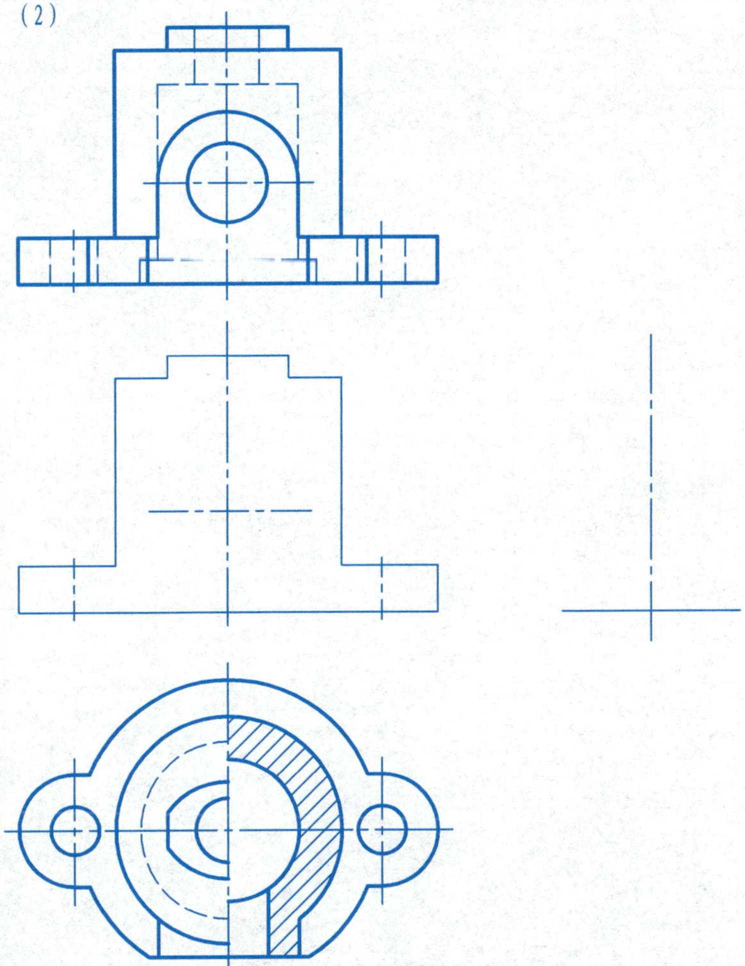

1. 读懂机件的形状，在指定位置把主视图画成全剖视图，左视图画成半剖视图。

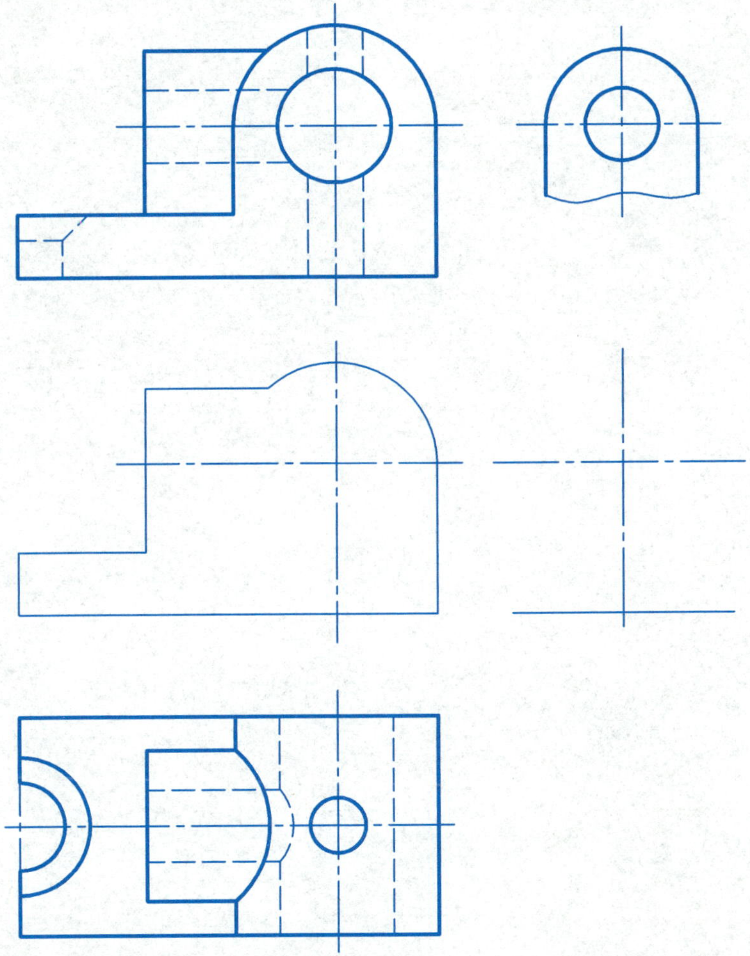

2. 读懂机件的形状，在指定位置把主视图画成全剖视图，左视图画成半剖视图；在SolidWorks中建模，并生成相应的工程图，尺寸按1:1从图中量取。

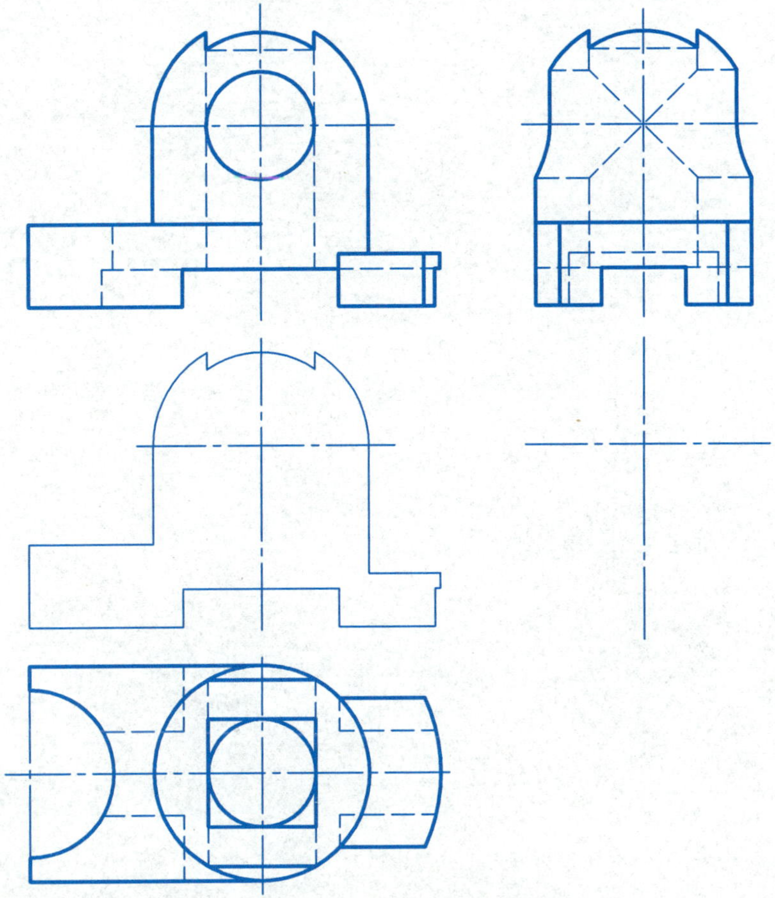

1. 读懂机件的形状，画出C-C剖视图。

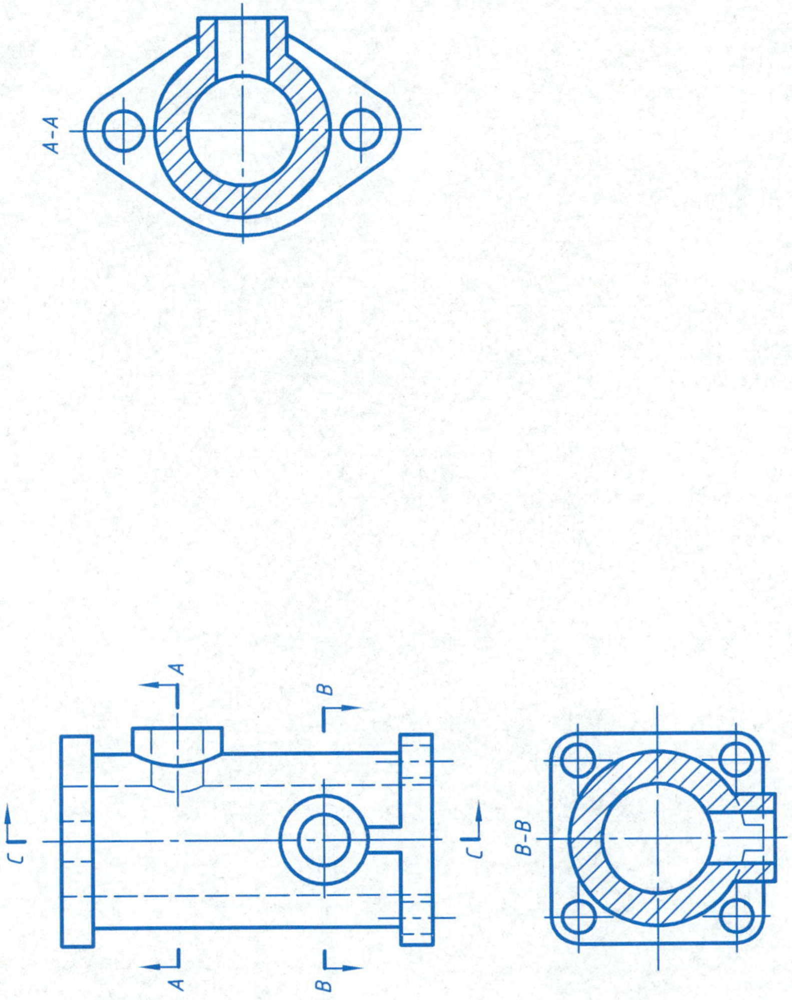

2. 读懂机件的形状，画出取全剖视的左视图。

1. 将主、俯视图改画成局部剖视图。

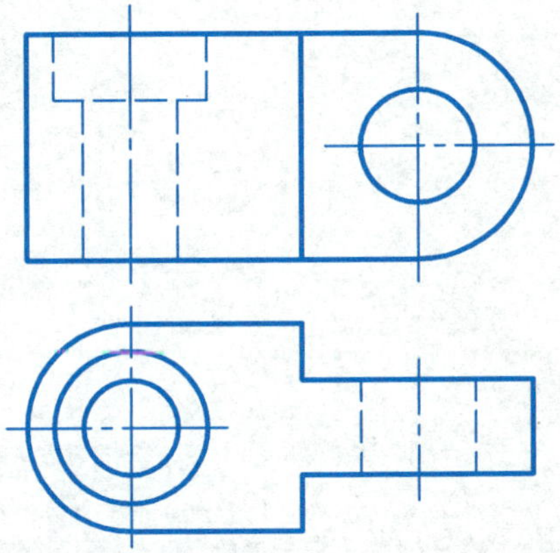

2. 将主视图改画成局部剖视图。

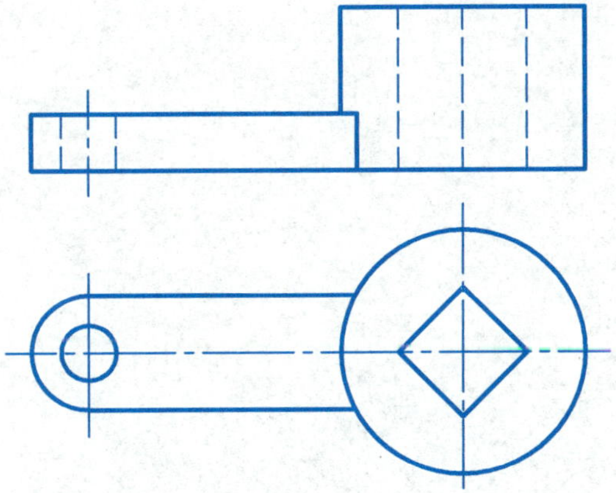

3. 在指定位置将主、俯视图改画成局部剖视图。

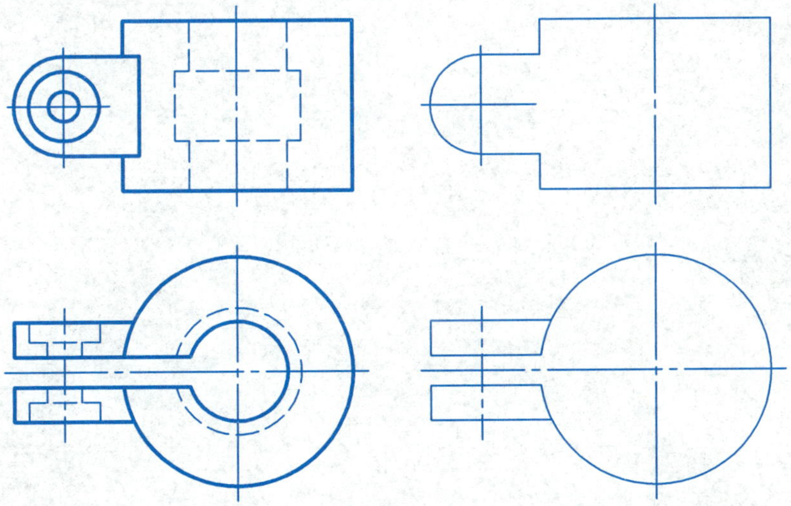

4. 分析局部剖视图中的错误，并在指定位置作出正确的局部剖视图。

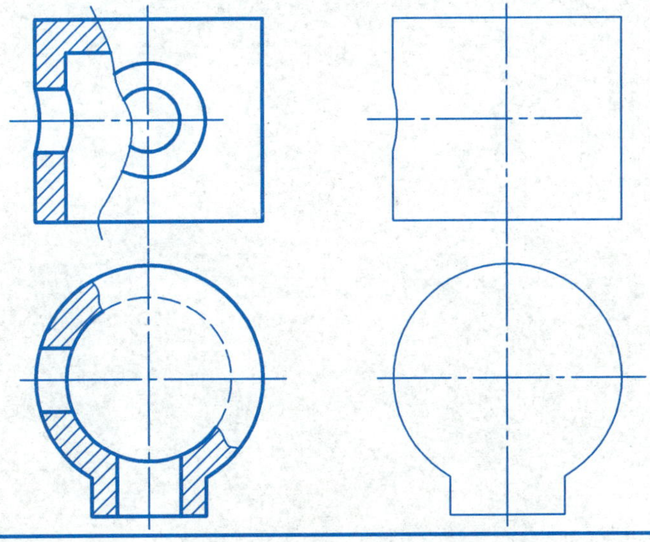

1. 在指定位置，将主、俯视图画成局部剖视图；在SolidWorks中建模，并生成相应的工程图，尺寸按1:1从图中量取。

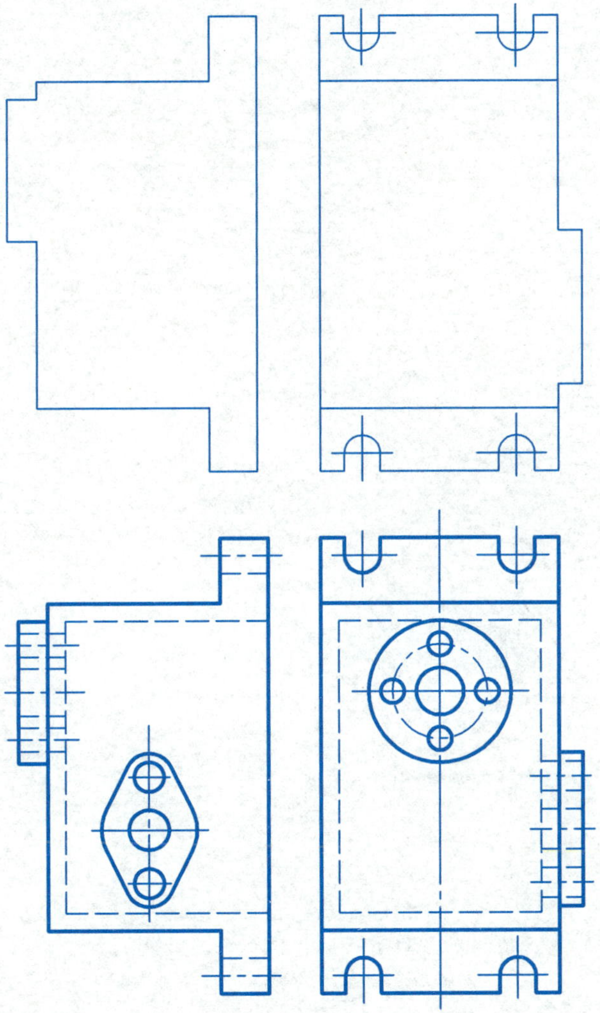

2. 在指定位置，将主、俯视图画成局部剖视图。

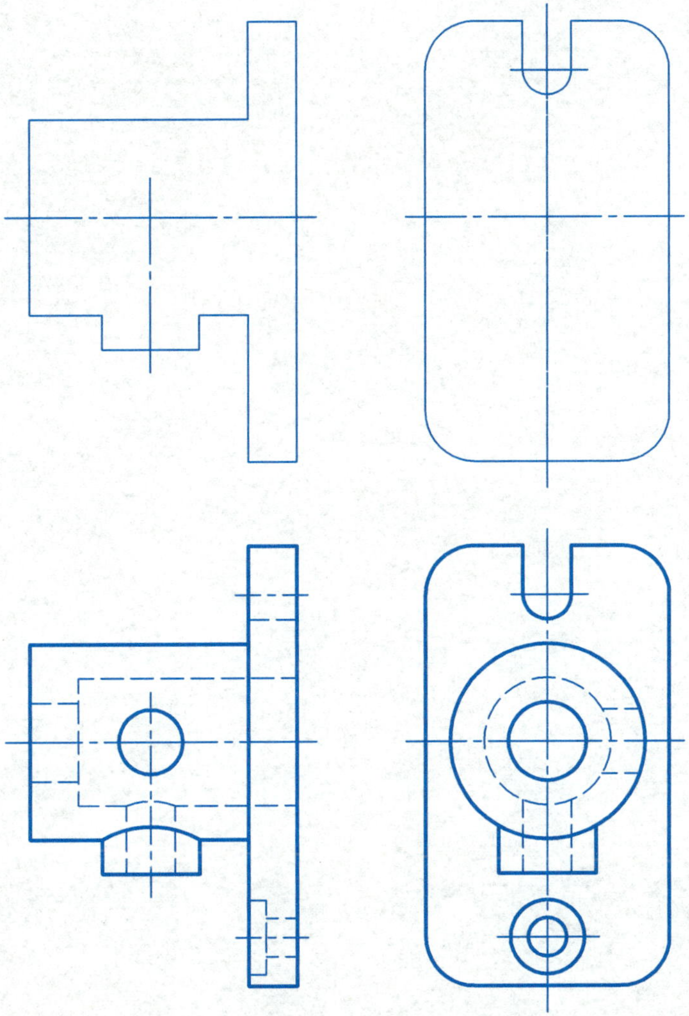

补全主、左两视图，并标注尺寸（尺寸数值按1:1从图中量取，取整数）。

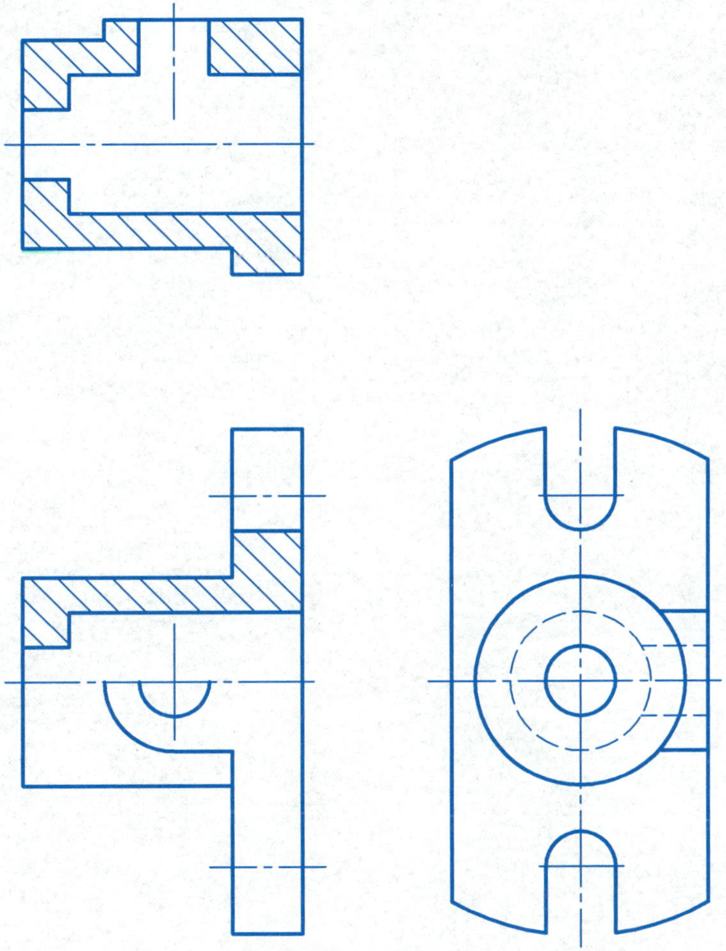

（1）

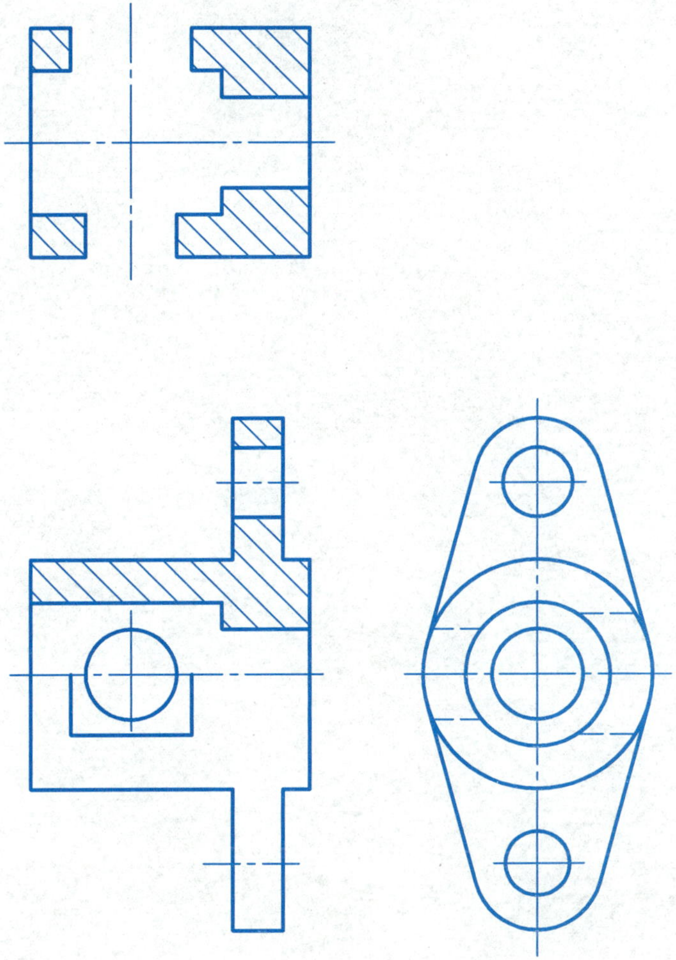

（2）

1. 选择正确的全剖左视图，在括号内画√。

2. 选择正确的半剖左视图，在括号内画√。

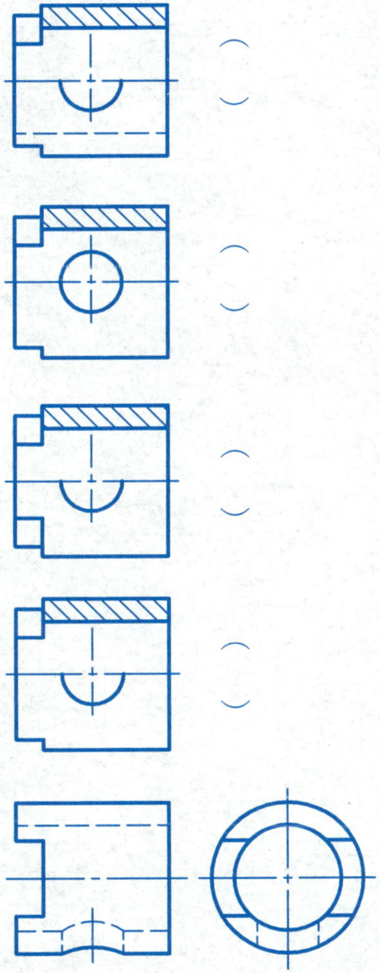

3. 选择正确的全剖主视图，在括号内画√。

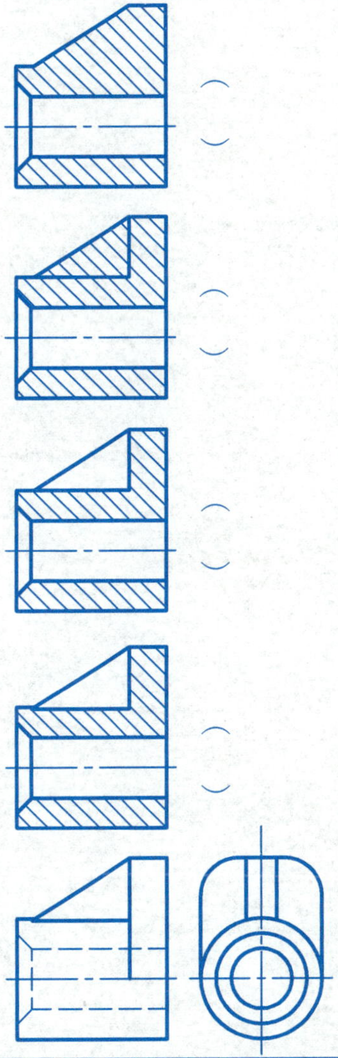

4. 选择正确的局部剖左视图，在括号内画√。

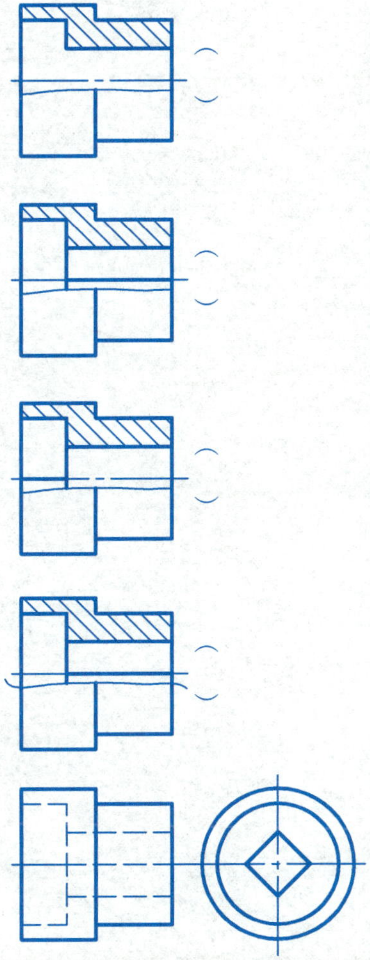

1. 选择正确的全剖主视图，在括号内画✓。

(1)

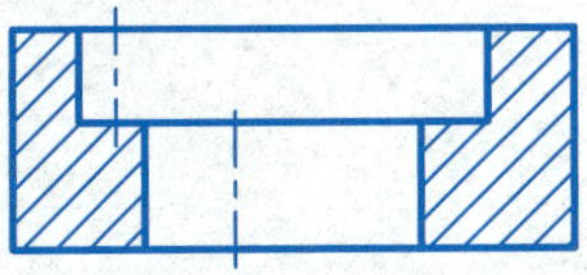

(　　)

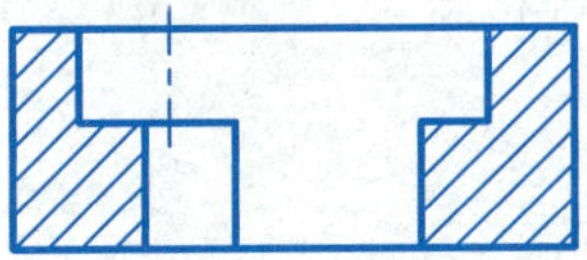

(　　)

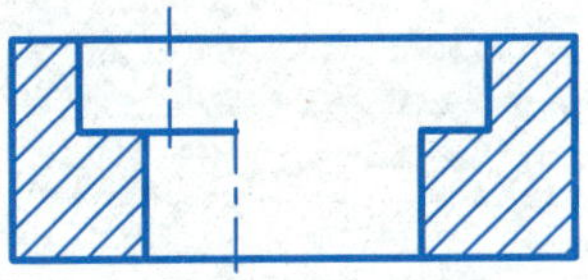

(　　)

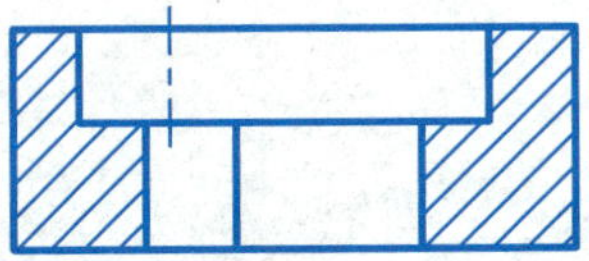

(　　)

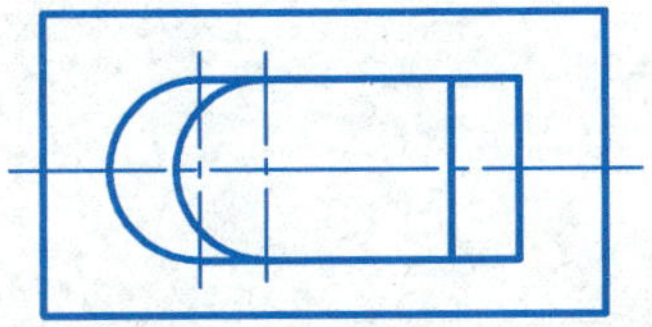

(2)

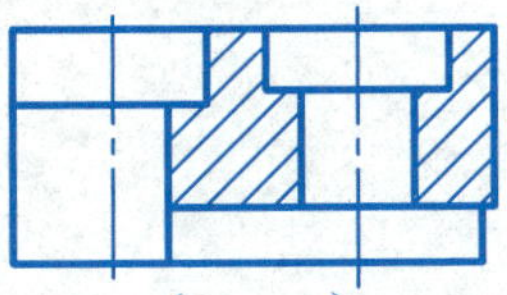

(　　)

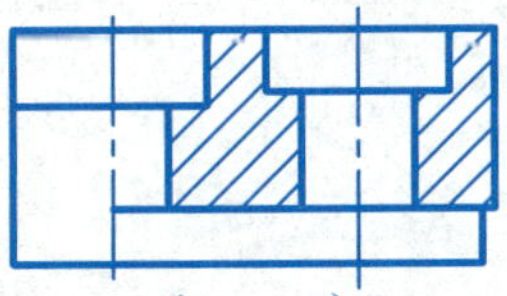

(　　)

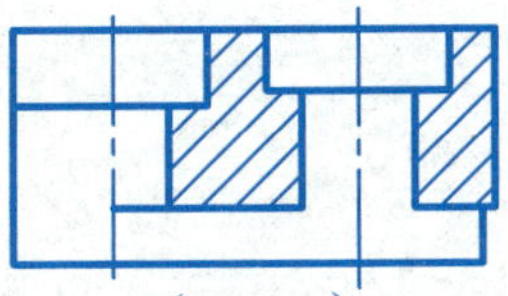

(　　)

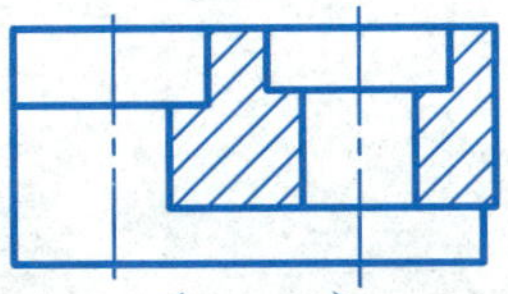

(　　)

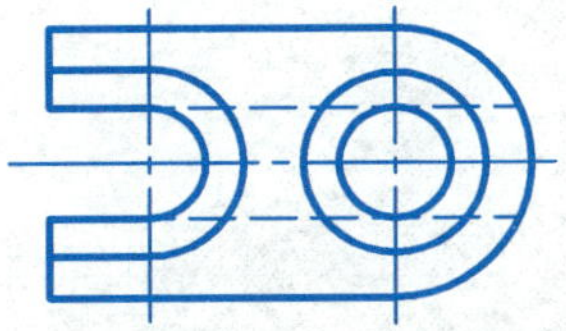

2. 选择正确的半剖主视图，在括号内画✓。

(1)

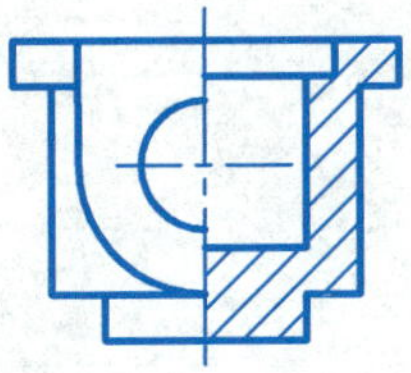

(　　)

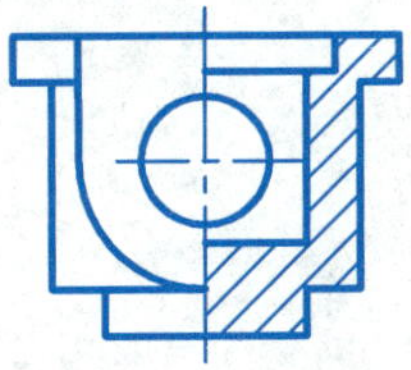

(　　)

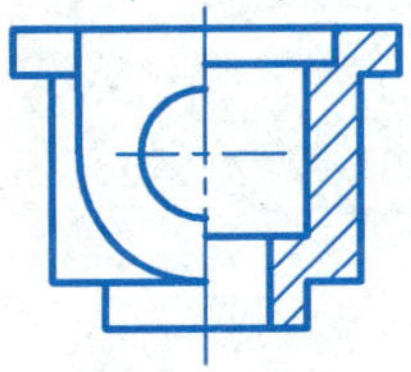

(　　)

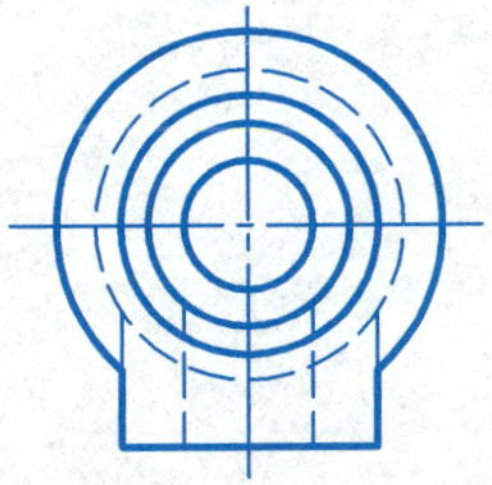

(2)

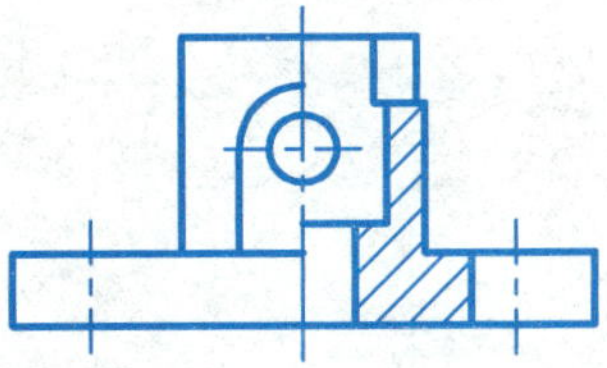

(　　)

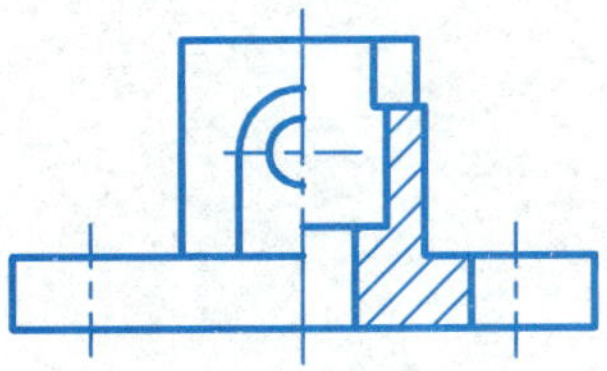

(　　)

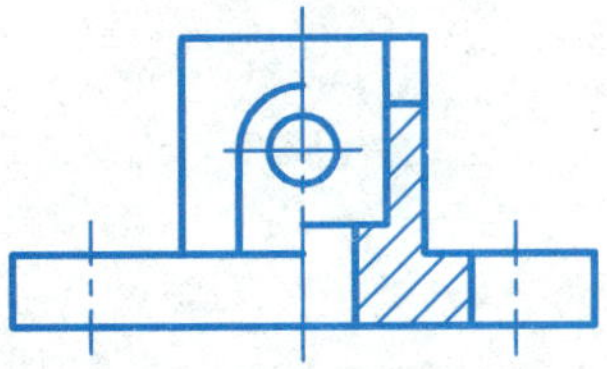

(　　)

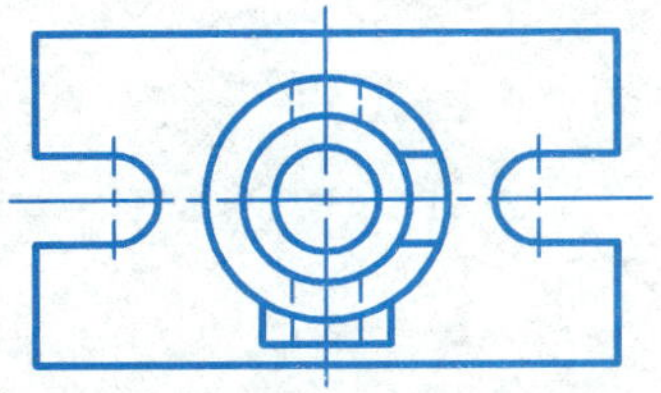

1. 根据主、俯视图，作*A-A*斜剖视图。

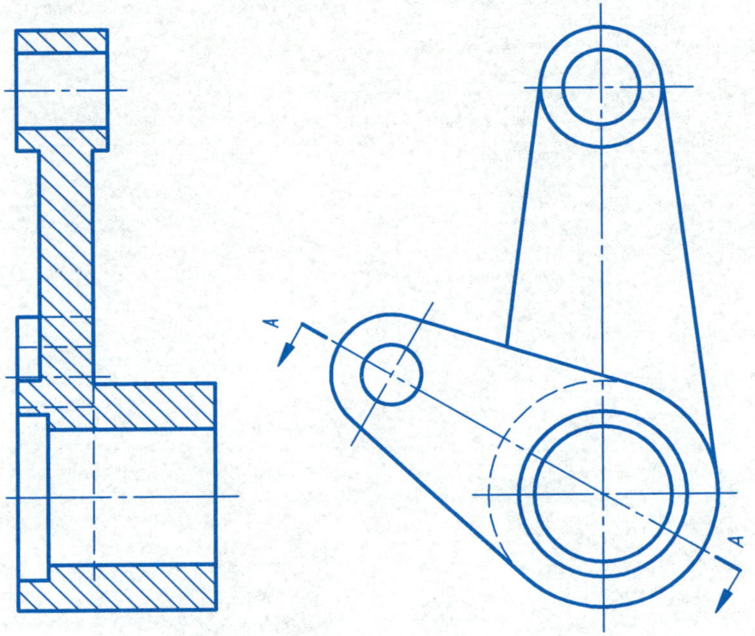

2. 根据主、俯视图，作*A-A*斜剖视图；在SolidWorks中建模，并生成相应的工程图，尺寸按1:1从图中量取。

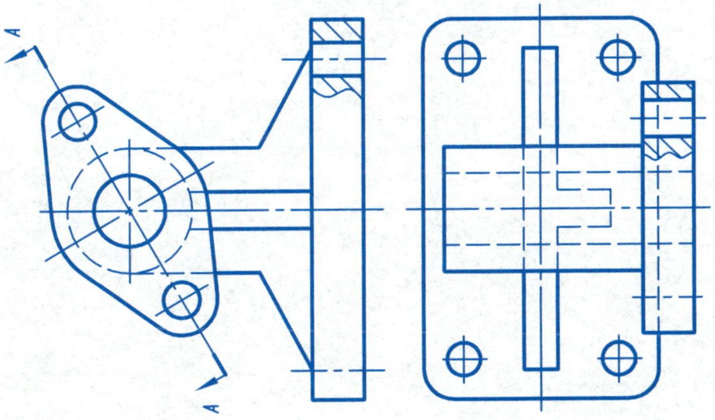

根据主、俯视图，在指定位置把主视图画成阶梯剖视图。

(1)

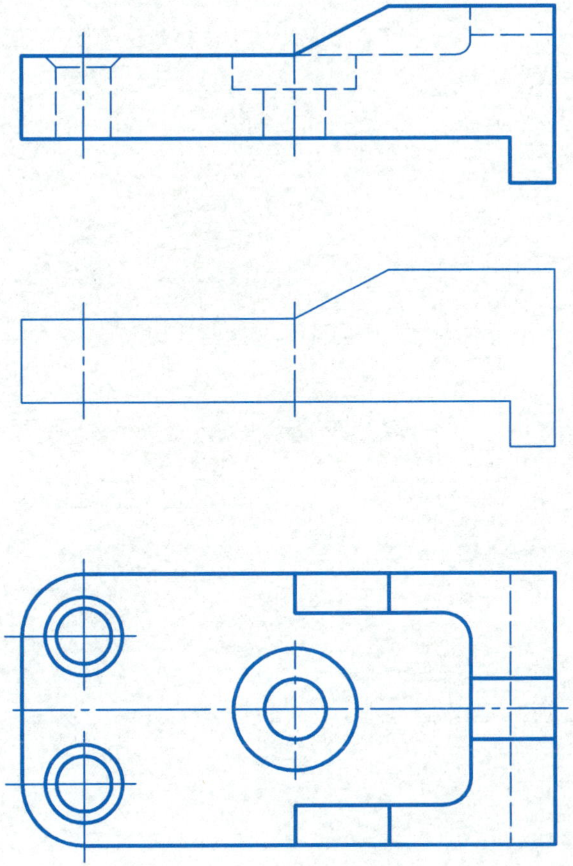

(2)

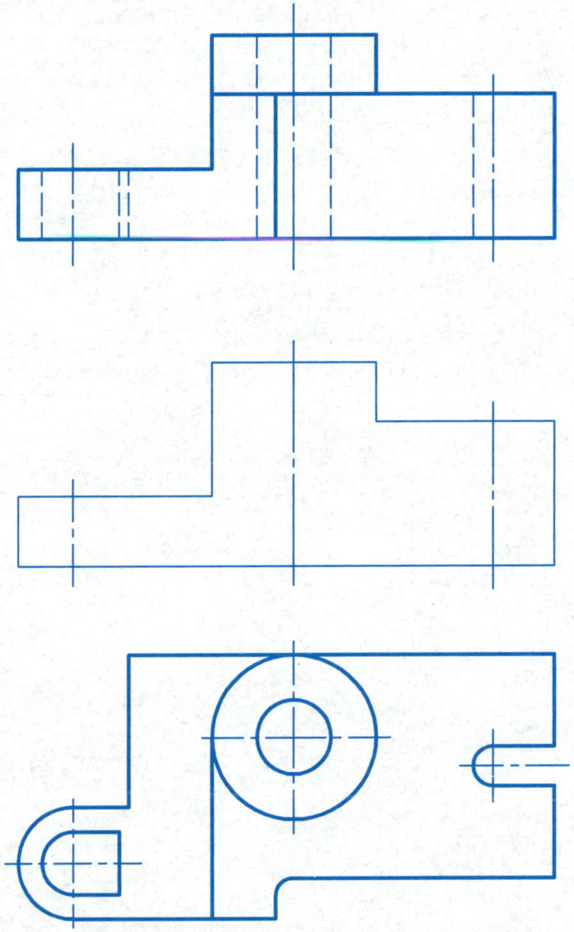

1. 根据主、俯视图，在指定位置把主视图画成阶梯剖视图。

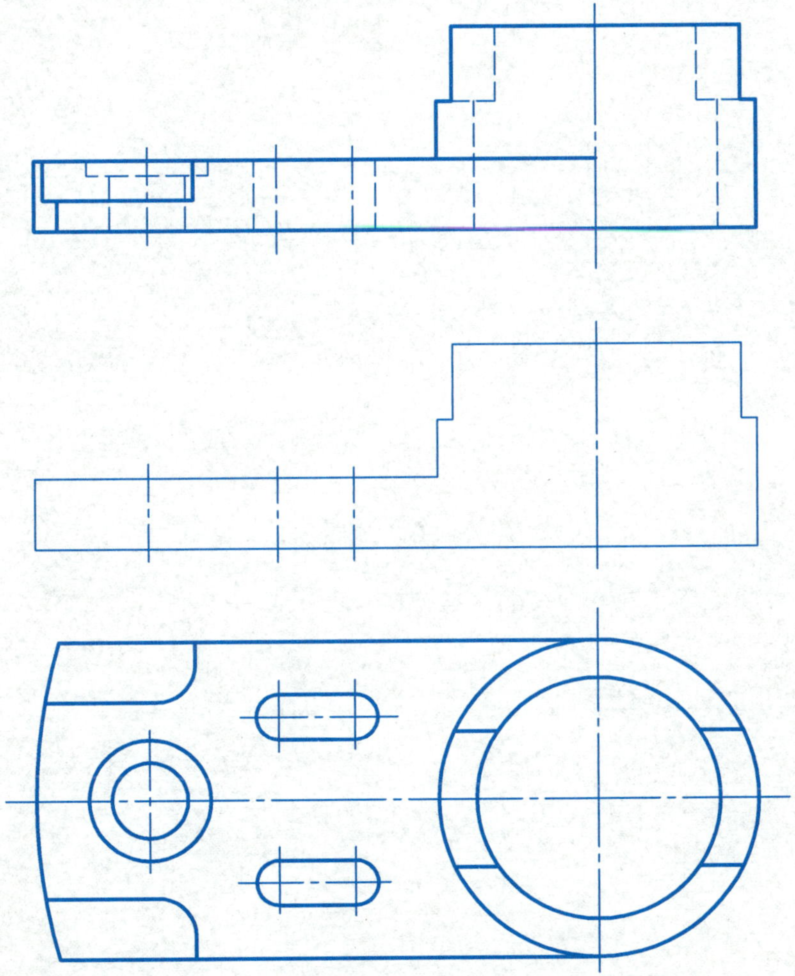

2. 根据主、俯视图，在指定位置把主视图画成阶梯剖视图；在SolidWorks中建模，并生成相应的工程图，尺寸按1:1从图中量取。

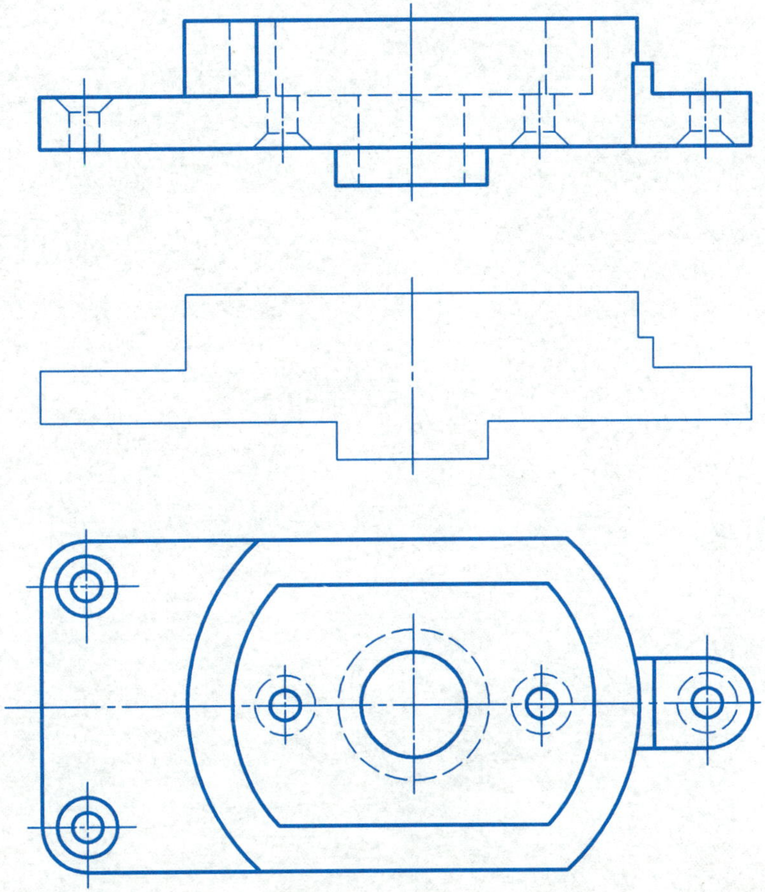

班级		姓名		学号		63

1. 根据主、俯视图，在指定位置把主视图画成旋转剖视图。

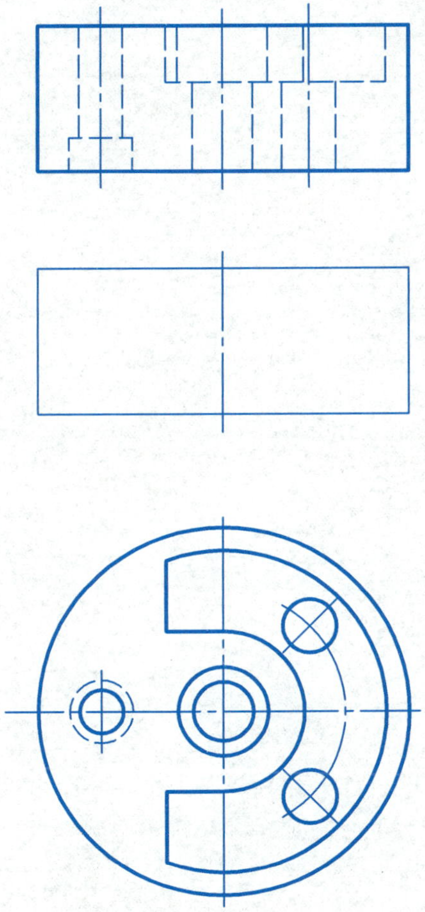

2. 根据主、俯视图，在指定位置把主视图画成旋转剖视图；在SolidWorks中建模，并生成相应的工程图，尺寸按1:1从图中量取。

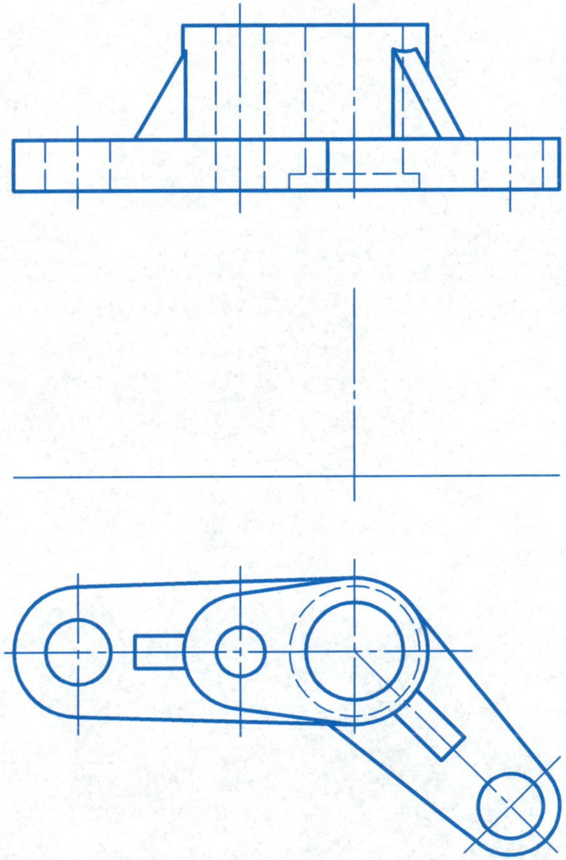

班级		姓名		学号		64

根据主、俯视图，在指定位置把主视图画成旋转剖视图。

(1)

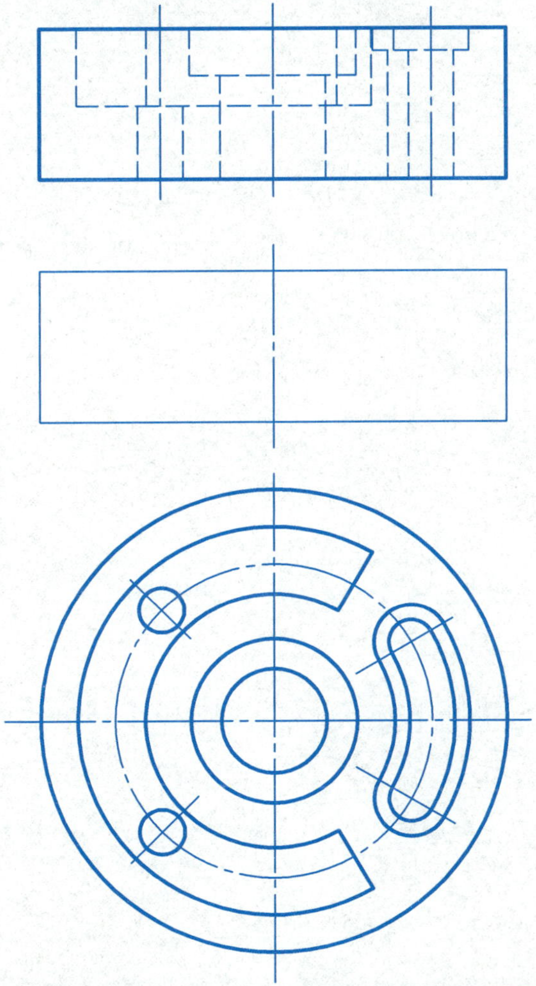

(2)

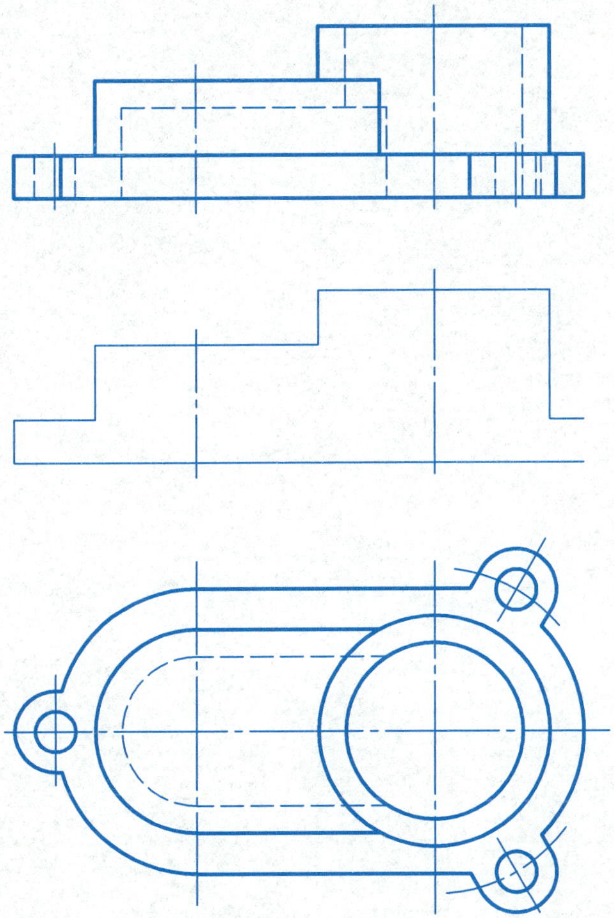

1. 根据主、俯视图，在指定位置把主视图画成复合剖视图；在SolidWorks中建模，并生成相应的工程图，尺寸按1:1从图中量取。

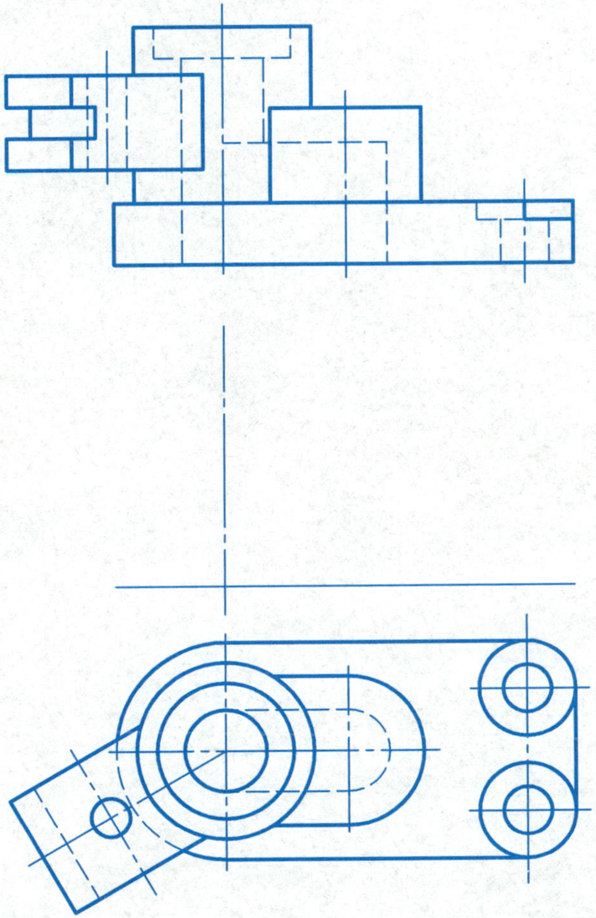

2. 根据主、俯视图，在指定位置把主视图画成复合剖视图。

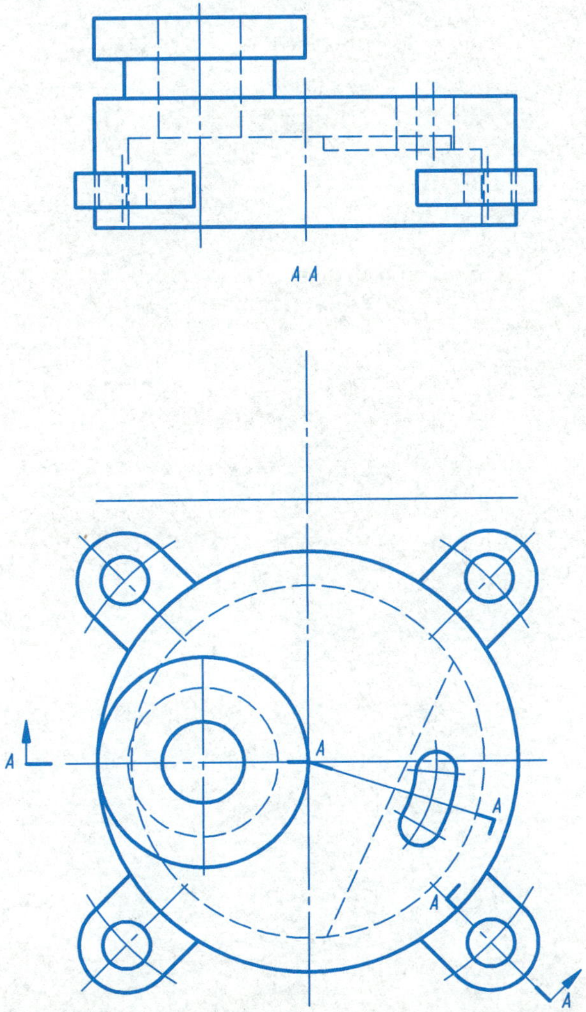

根据主、俯视图，在指定位置把主视图画成复合剖视图。

(1)

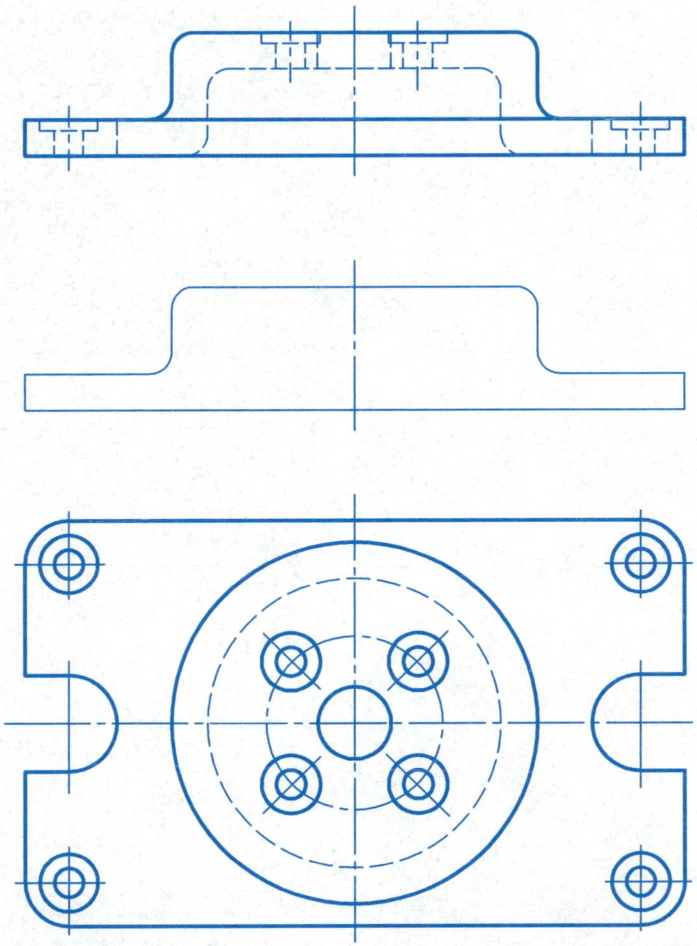

(2)

1. 在指定位置画出指定的三个断面图，其中键槽深5mm，右侧的圆孔为通孔。

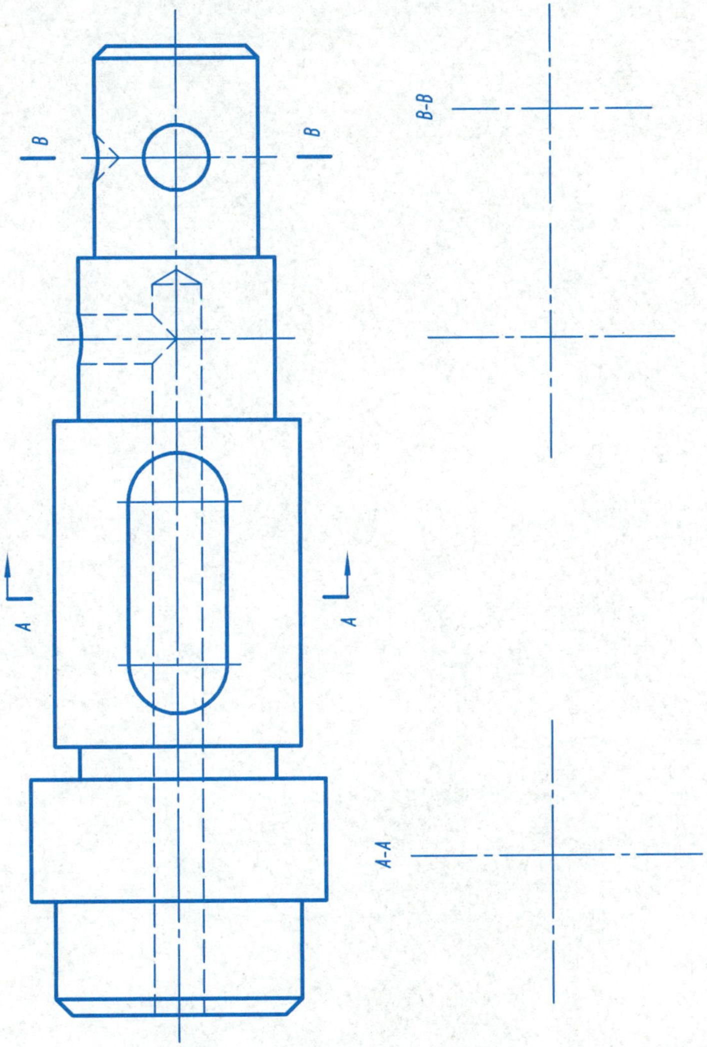

2. 画出*A-A*及*B-B*断面图；在SolidWorks中建模，并生成相应的工程图，尺寸按1:1从图中量取。

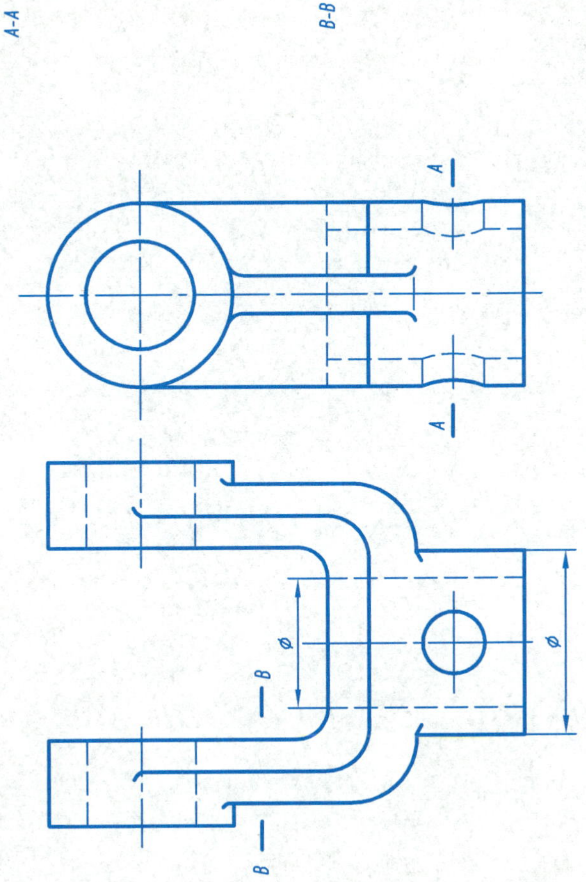

1. 选择正确的断面图，在括号内画√。

(1)

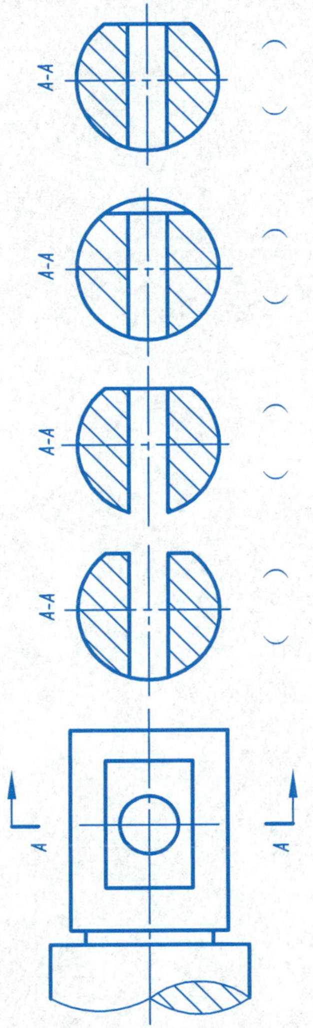

(2)

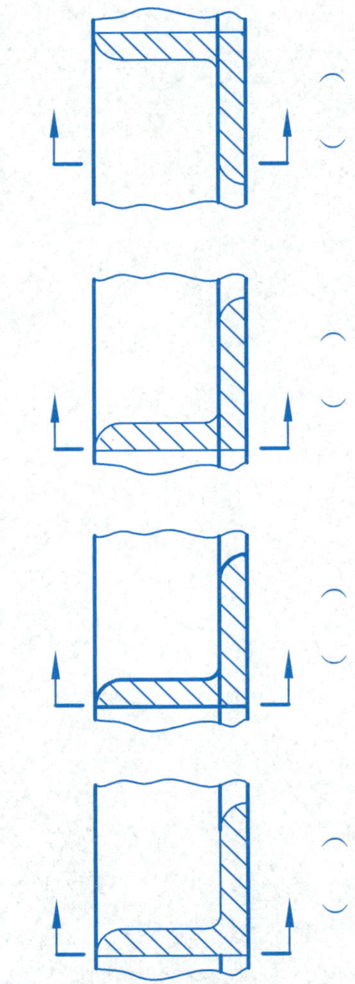

(3)

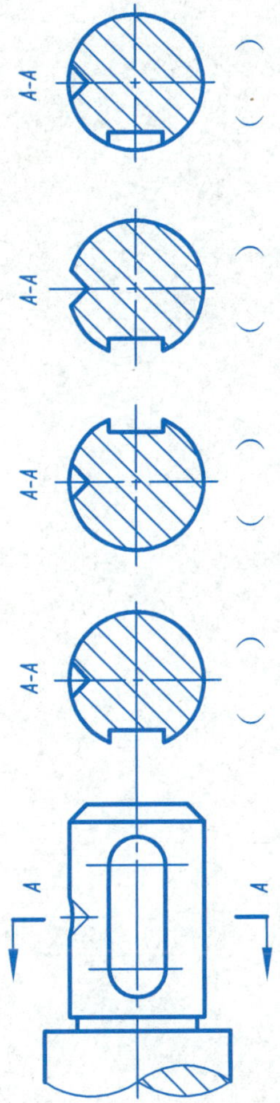

2. 选择正确的一组视图，在括号内画√。

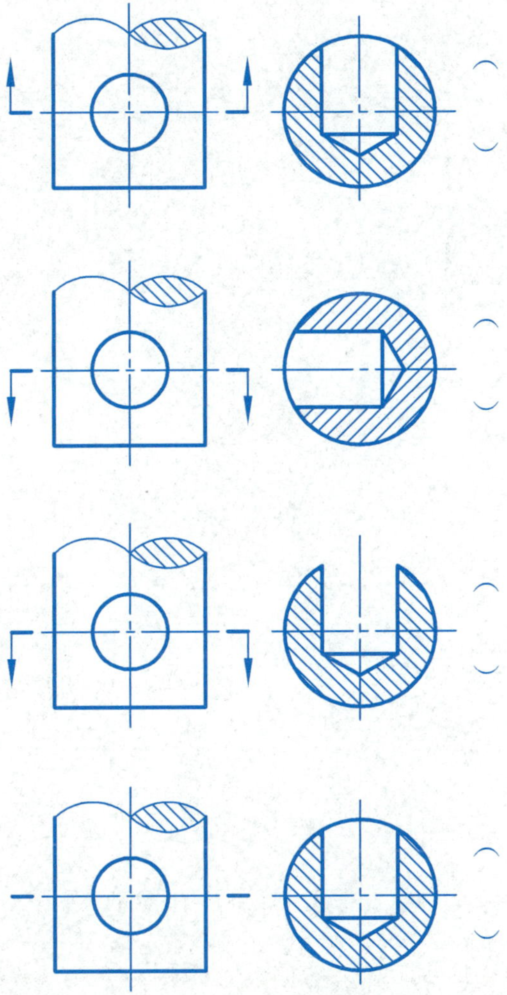

1. 将指定部位按2:1的比例放大画出；在SolidWorks中建模，并生成相应的工程图，尺寸按1:1从图中量取。

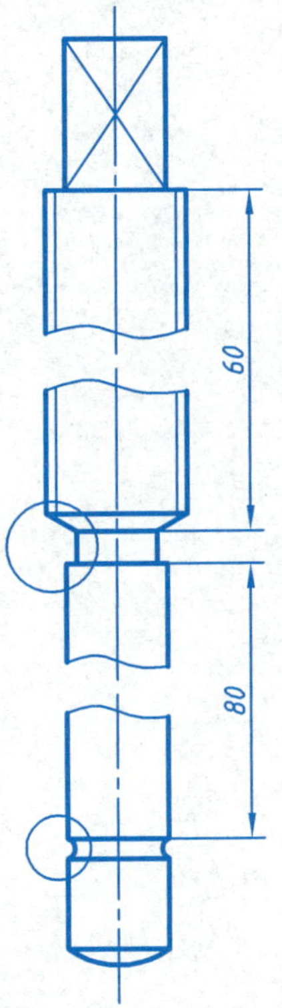

2. 将指定部位按2:1的比例放大画出。

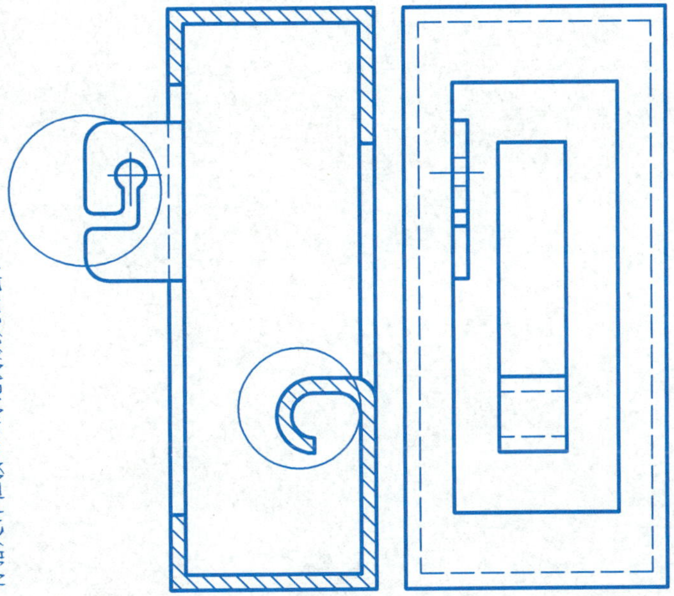

3. 用简化画法作图，将改正后的主视图（全剖视）画在右边相应的位置。

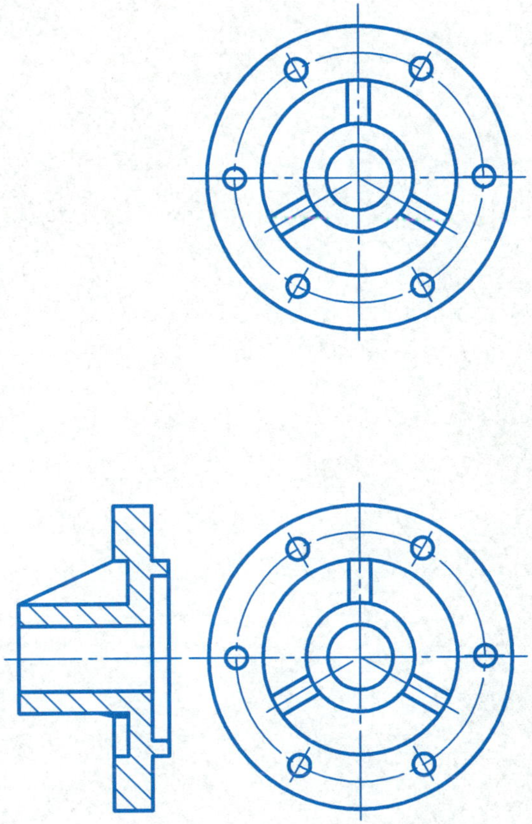

参照立体图，选择适当的表达方法，将机件表达清楚。

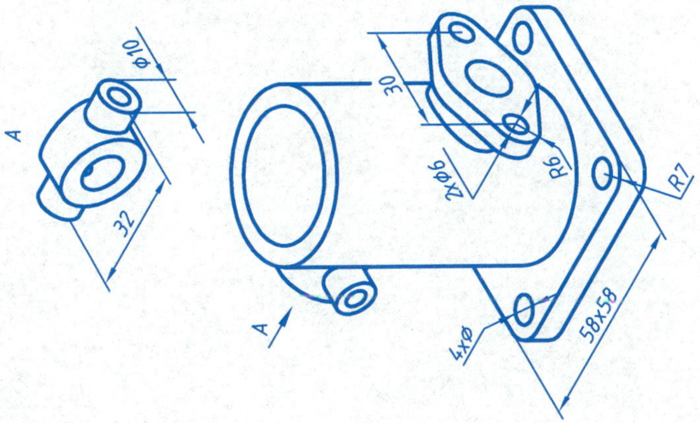

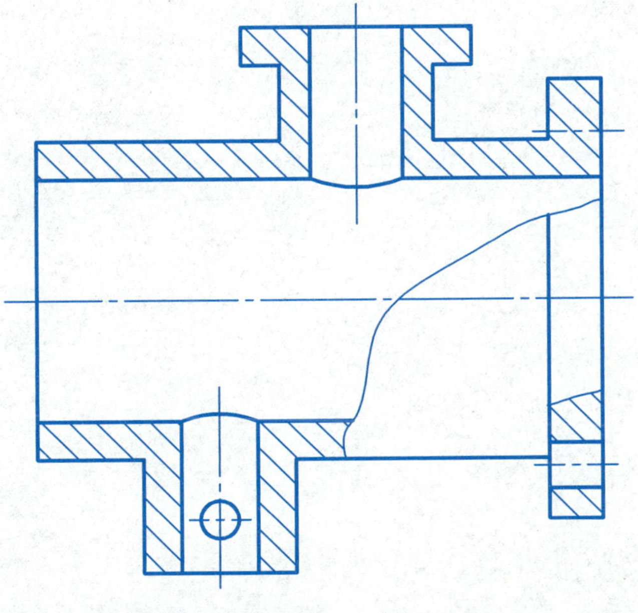

选择适当的表达方法，将机件表达清楚；在SolidWorks中建模，并生成相应的工程图，尺寸按1:1从图中量取。

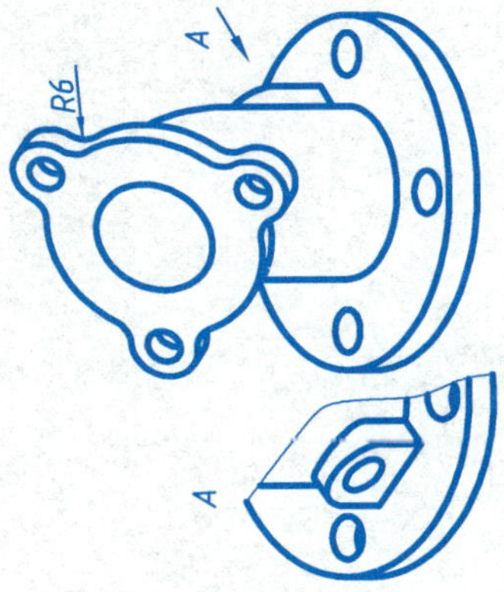

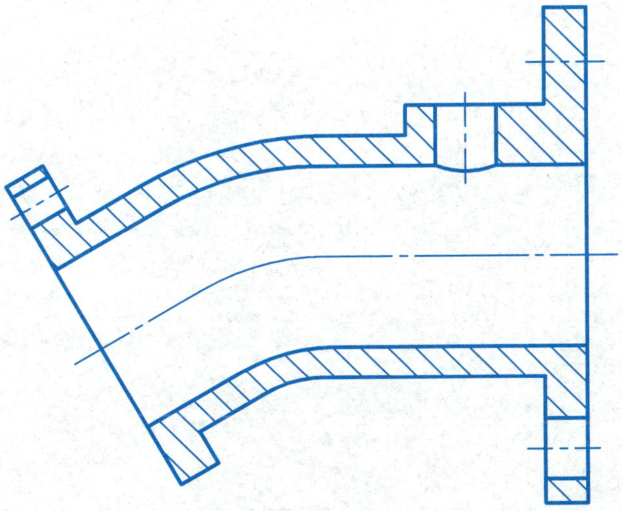

根据三视图看懂形状，重新选择表达方法，将机件表达清楚。

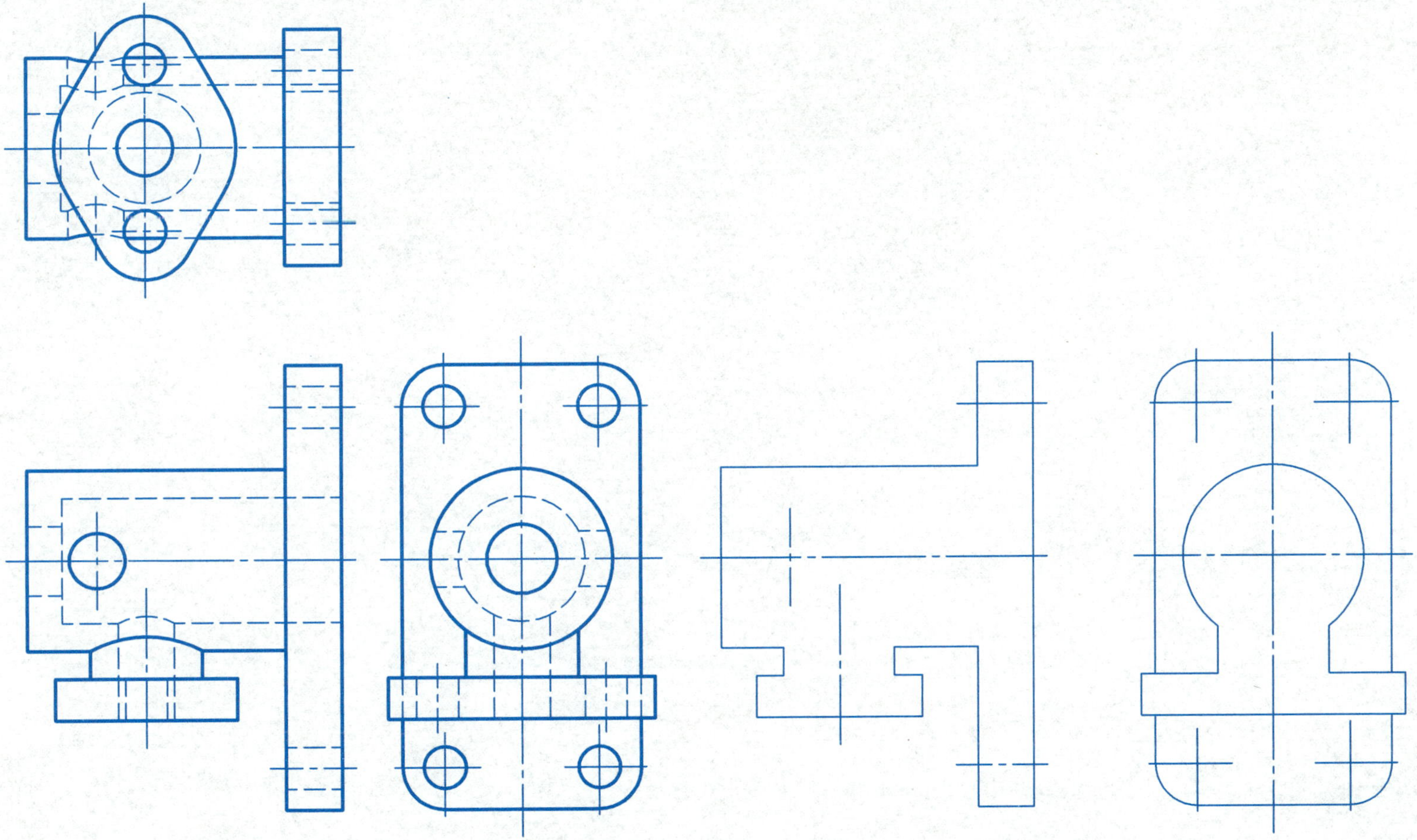

1. 按规定画法，绘制螺纹的主、左两视图(1:1)。

（1）绘制外螺纹，大径M20，螺杆长35mm，螺纹长25mm，螺纹倒角*C*2。

（2）绘制内螺纹，大径M20，孔深35mm，螺纹长25mm，螺纹倒角*C*2。

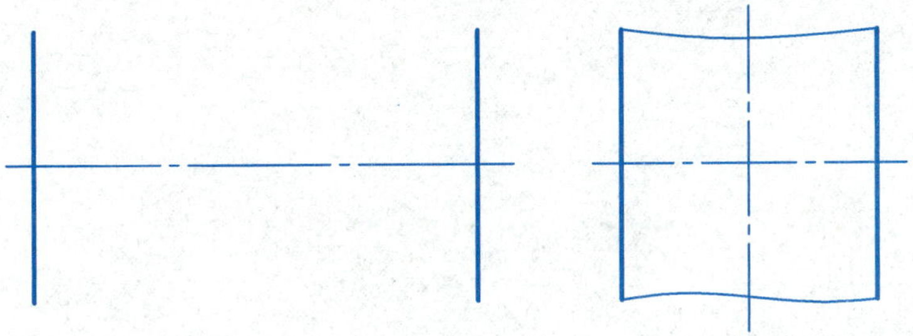

（3）将（1）的外螺纹调头，旋入（2）的螺孔中，旋合长度为20mm，画出内外螺纹旋合的主、左视图（均为剖视图）。

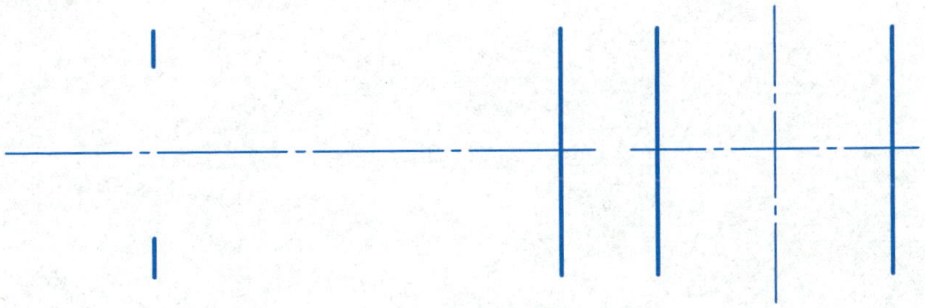

2. 分析下面图形中的错误之处，在指定位置画出正确的图形。

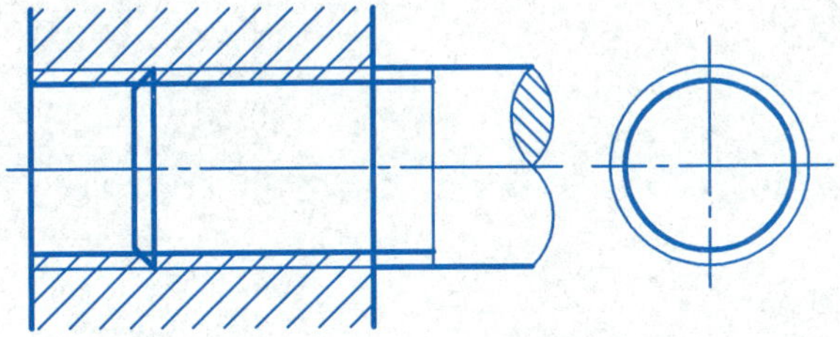

1. 根据螺纹标记或代号，查表并填空说明螺纹的各要素。

(1)

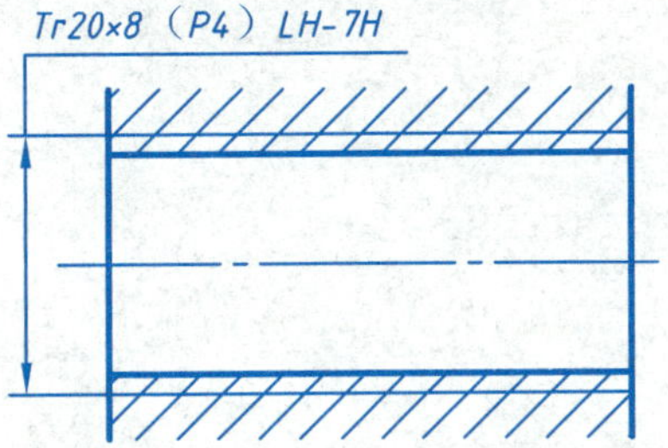

该螺纹为__________螺纹；
公称直径__________；
螺距__________；
线数为__________；
旋向为__________；
螺纹公差带代号________。

(2)

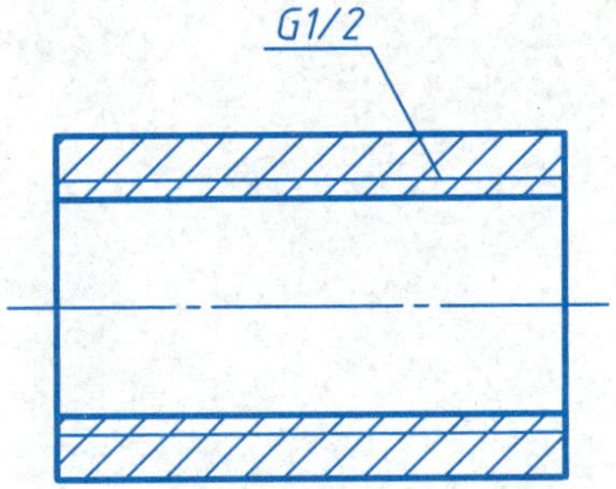

该螺纹为__________螺纹；
尺寸代号__________；
大径为__________；
小径为__________；
螺距__________。

2. 根据下列给定的螺纹要素，标注螺纹的标记或代号。

(1) 粗牙普通螺纹，公称直径24mm，螺距3mm，单线，右旋，中径和顶径公差带均为6H。

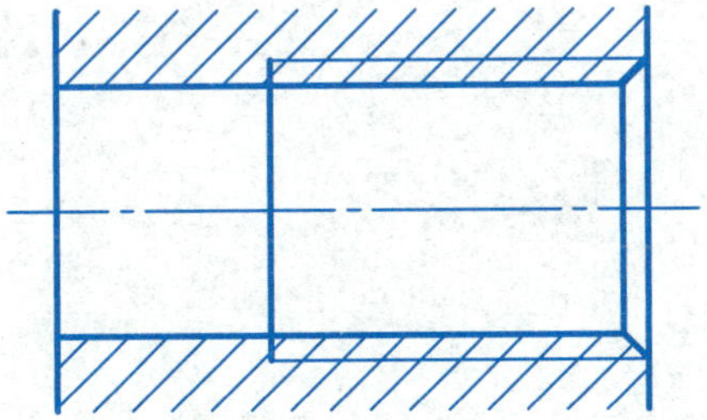

(2) 细牙普通螺纹，公称直径30mm，螺距2mm，单线，右旋，中径公差带5g，顶径为6g。

班 级		姓 名		学 号		75

查表填出下列各紧固件的尺寸，并进行三维建模。

(1) 螺栓 GB/T 5782—2000 M20×80

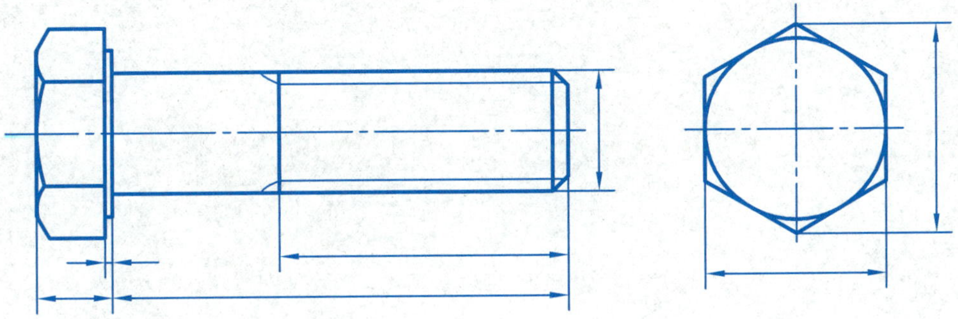

(2) 螺母 GB/T 6170—2000 M20

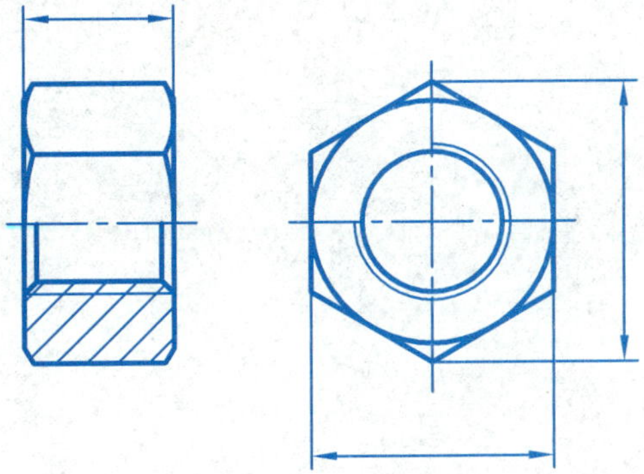

(3) 双头螺柱 GB/T 899—1988 M20×60

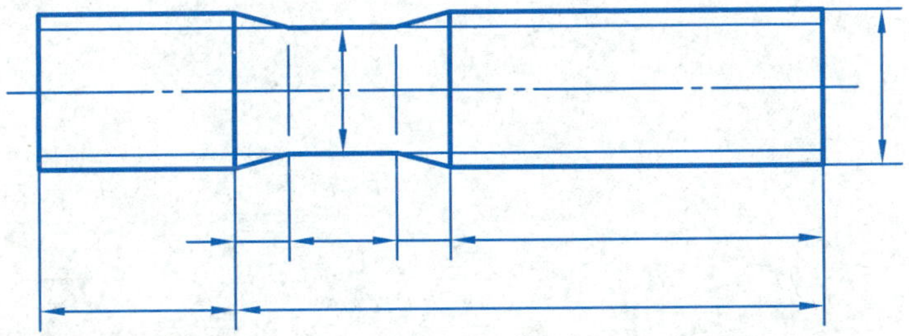

(4) 平垫圈 GB/T 97.1—2002 20

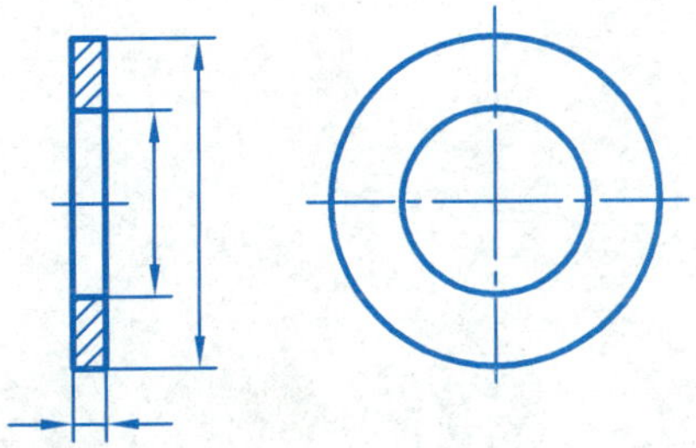

已知螺栓连接中，被连接件厚度 δ_1=16mm，δ_2=20mm。

螺栓 GB/T 5782—2000 M16×l（l根据查表计算后取标准长度）

螺母 GB/T 6170—2000 M16

垫圈 GB/T 97.1—2002 16

采用比例画法，画出螺栓连接装配图（主视图画成全剖视图，左视图不剖）。

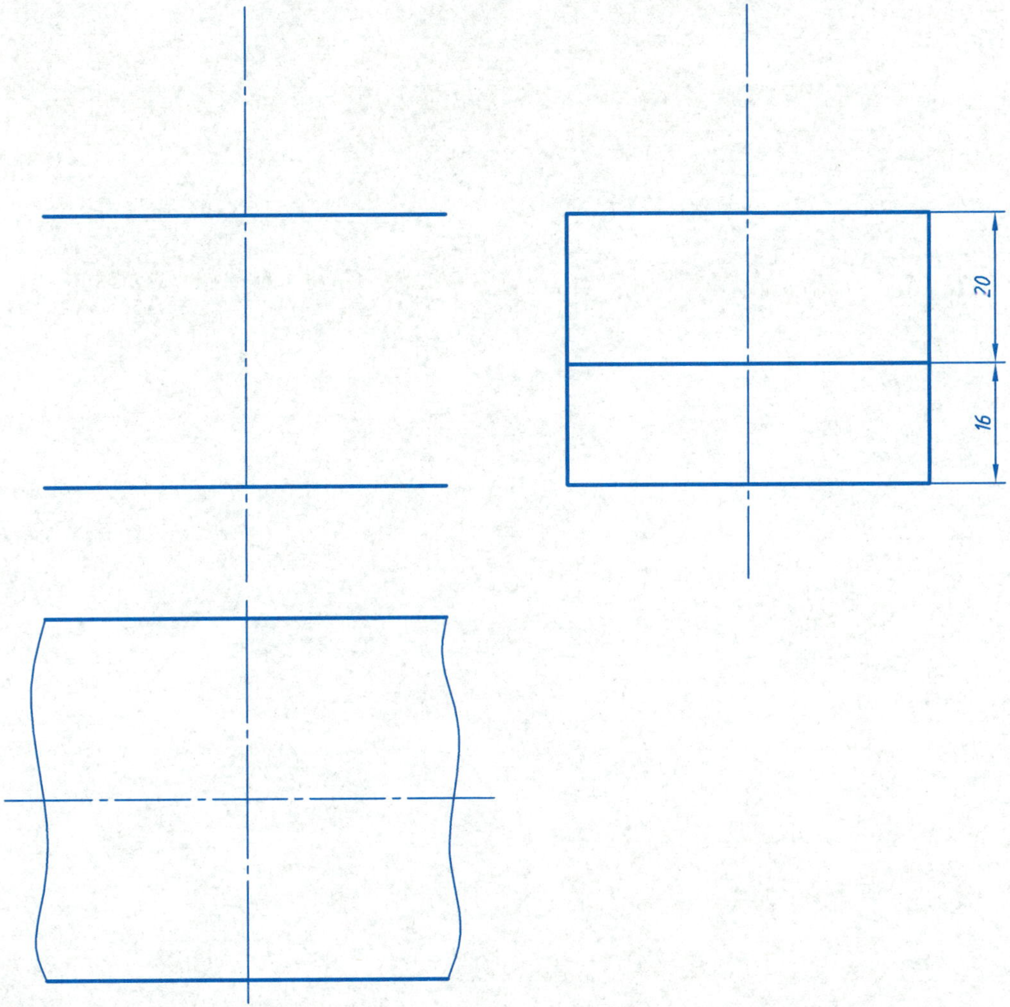

1. 已知双头螺柱GB/T 897—1988 M16×40，螺母GB/T 6170—2000 M16，垫圈GB/T 93—1987 16，用比例画法画出连接后的主、俯视图（1:1）。

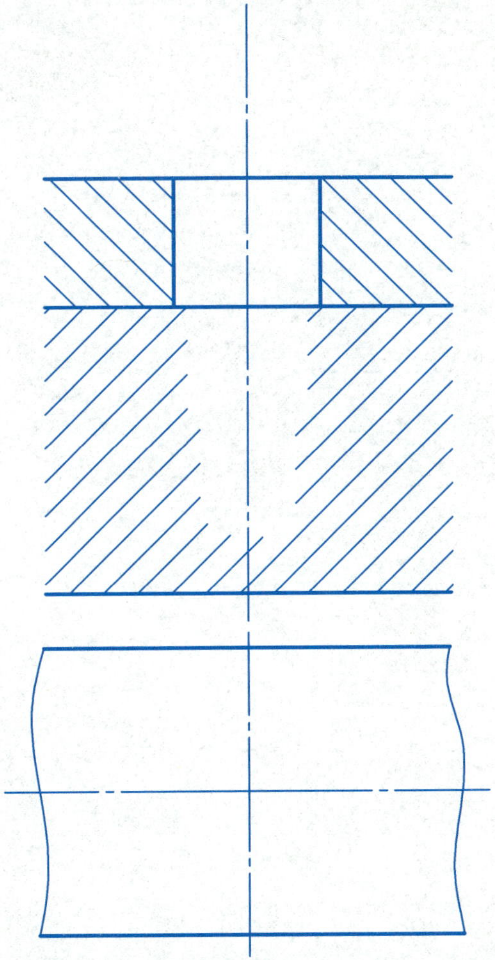

2. 已知螺钉GB/T 65—2000 M10×30，用比例画法画出连接后的主、俯视图（1:1）。

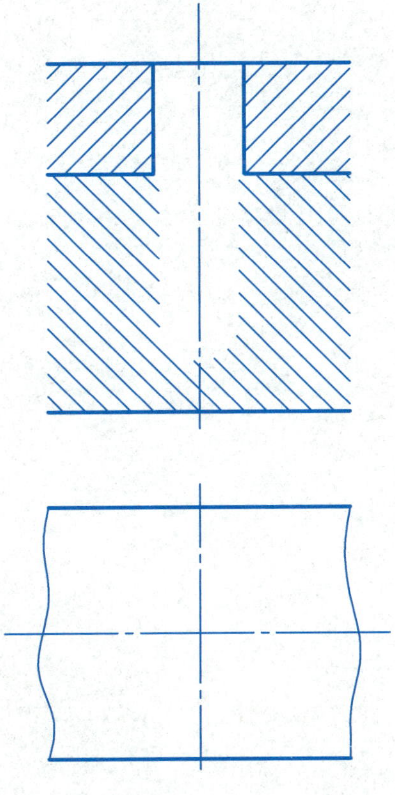

普通平键GB/T 1096—2003 6×6×22及其连接。

(1) 画出*A-A*断面图，注全尺寸，并进行三维建模。

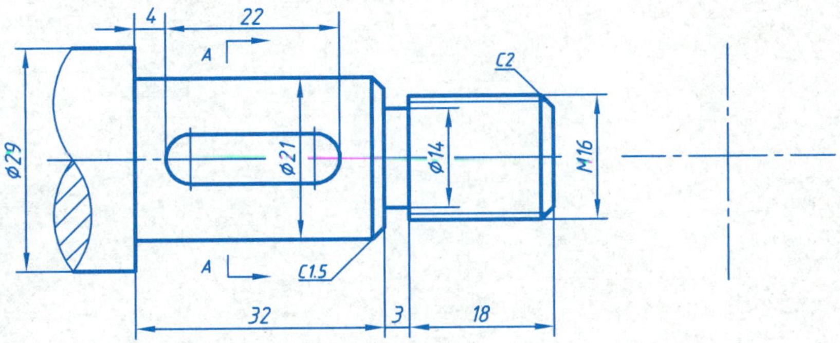

(2) 补全带轮主视图，画出*A*向局部视图，注全键槽尺寸，并进行带轮三维建模。

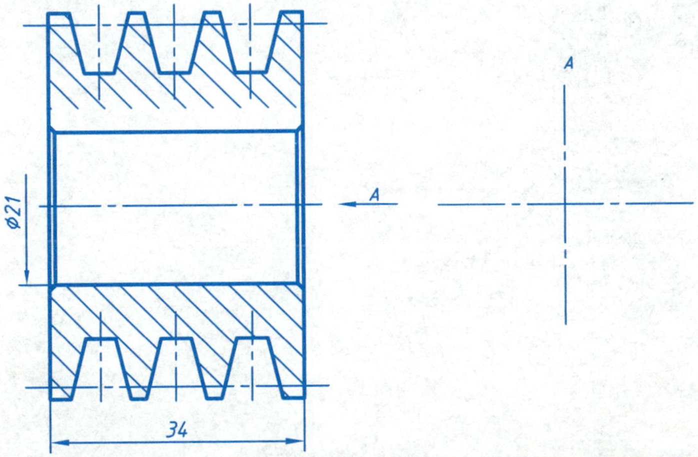

(3) 用普通平键和螺母、垫圈将 (1) 和 (2) 两图中的轴和带轮连接起来，画出连接的装配图，并进行三维建模。

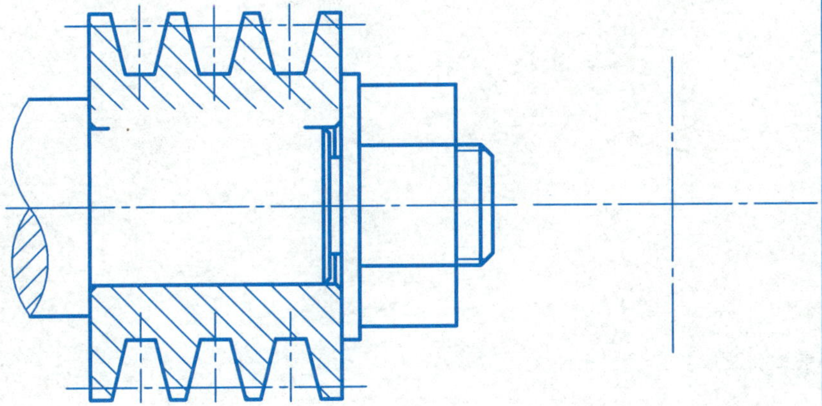

1. 销连接。

(1) 选出适当长度的ø5圆锥销，画出销连接的装配图，并写出销的规定标记。

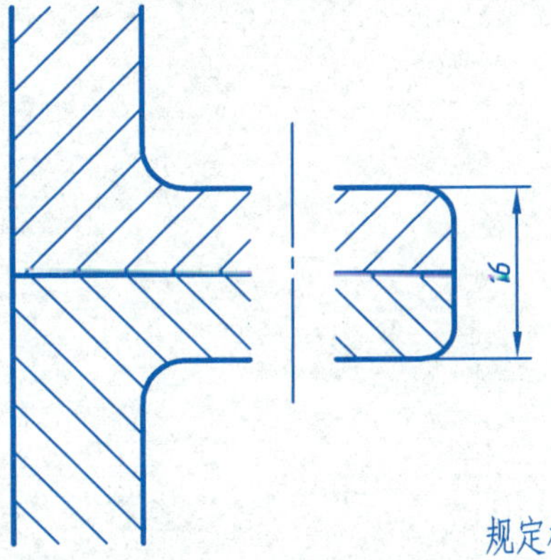

规定标记：________________

(2) 选出适当长度ø6n6圆柱销，画出销连接的装配图，并写出销的规定标记。

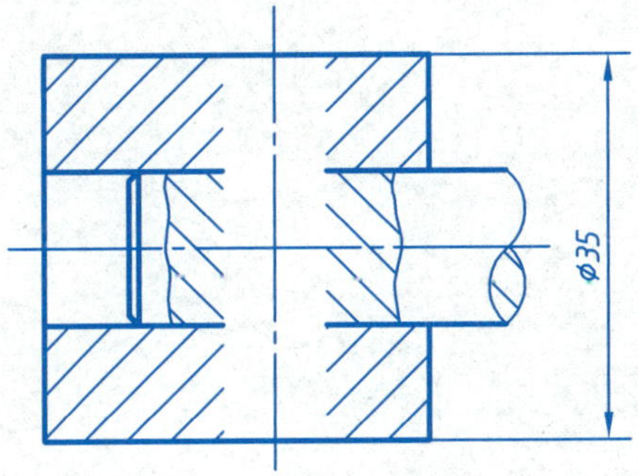

规定标记：________________

2. 查表用近似画法画出深沟球轴承6204，并在图上标注尺寸。

3. 已知圆柱螺旋压缩弹簧外径D=45mm，簧丝直径d=5mm，节距t=10mm，有效圈数n=8，支承圈数n_2=2.5，右旋，画出弹簧的剖视图。

班 级		姓 名		学 号		80

1. 已知一直齿圆柱齿轮$m=3$，$z=19$。（1）试计算d、d_a、d_f；（2）按规定画法，画全齿轮的两个视图；（3）注全尺寸，其中倒角均为$C1$；（4）进行三维建模。

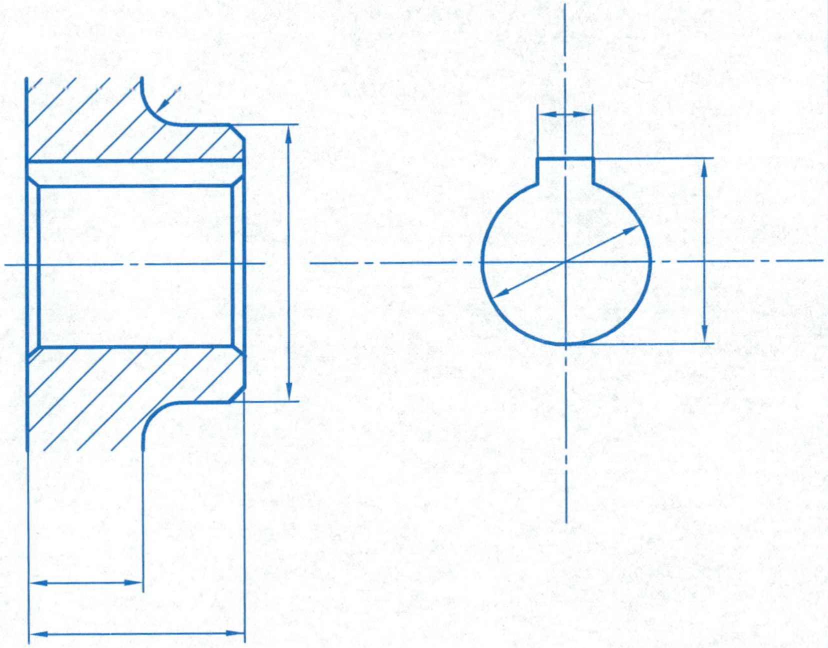

2. 按1:1画出平板直齿圆柱齿轮的啮合图（主视图画成全剖视图），并标注中心距。
参数：$m=3$，$z_1=12$，$z_2=20$，齿宽$b=23$mm，加工有平键槽的轴孔直径$D_1=16$mm，$D_2=20$mm，键槽尺寸查表后确定。

1. 根据给定的*Ra*数值，在视图中标出相应的表面结构代号。

(1)

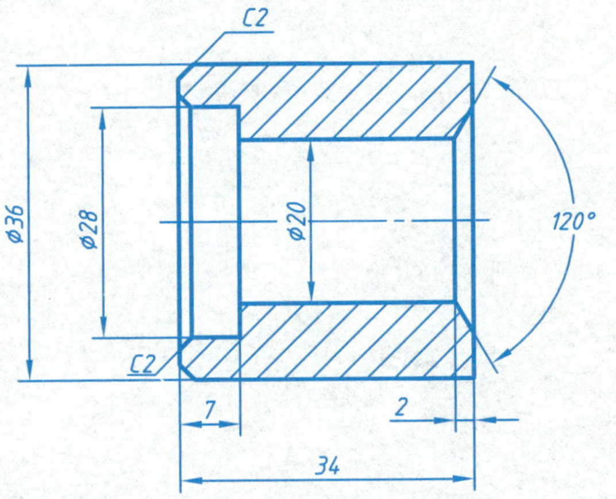

表面	Ra
120°锥面、右端面	6.3
ø36 圆柱面	1.6
ø20 圆柱面	0.8
ø28 圆柱面、左端面	3.2
其余	12.5

(2)

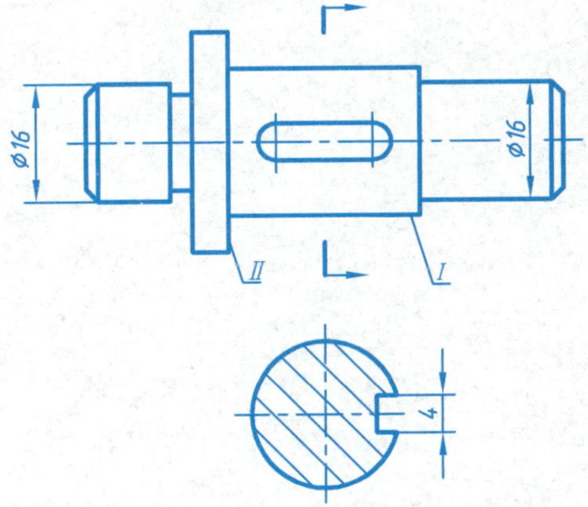

表面	Ra
键槽两侧面	6.3
ø16 两圆柱面	3.2
圆柱面 I	6.3
轴肩端面 II	6.3
其余	12.5

2. 已知轴和轴套孔的公称尺寸为ø16，基本偏差代号分别为f和H，公差等级分别为IT7和IT8；轴套外径和箱体上孔的公称尺寸为ø24，基本偏差代号分别为n和H，公差等级分别为IT6和IT7。

(1) 在下列部件图中标注公称尺寸及配合的代号，在零件图中标注公称尺寸及偏差。

(2) 轴和轴套的配合为基____制________配合。

箱体孔和轴套的配合为基____制______配合。

(3) 画出轴和轴套、箱体孔和轴套配合的公差带。

看轴套零件图，回答问题，并参照零件图，建立零件模型，生成工程图，标注尺寸和技术要求。

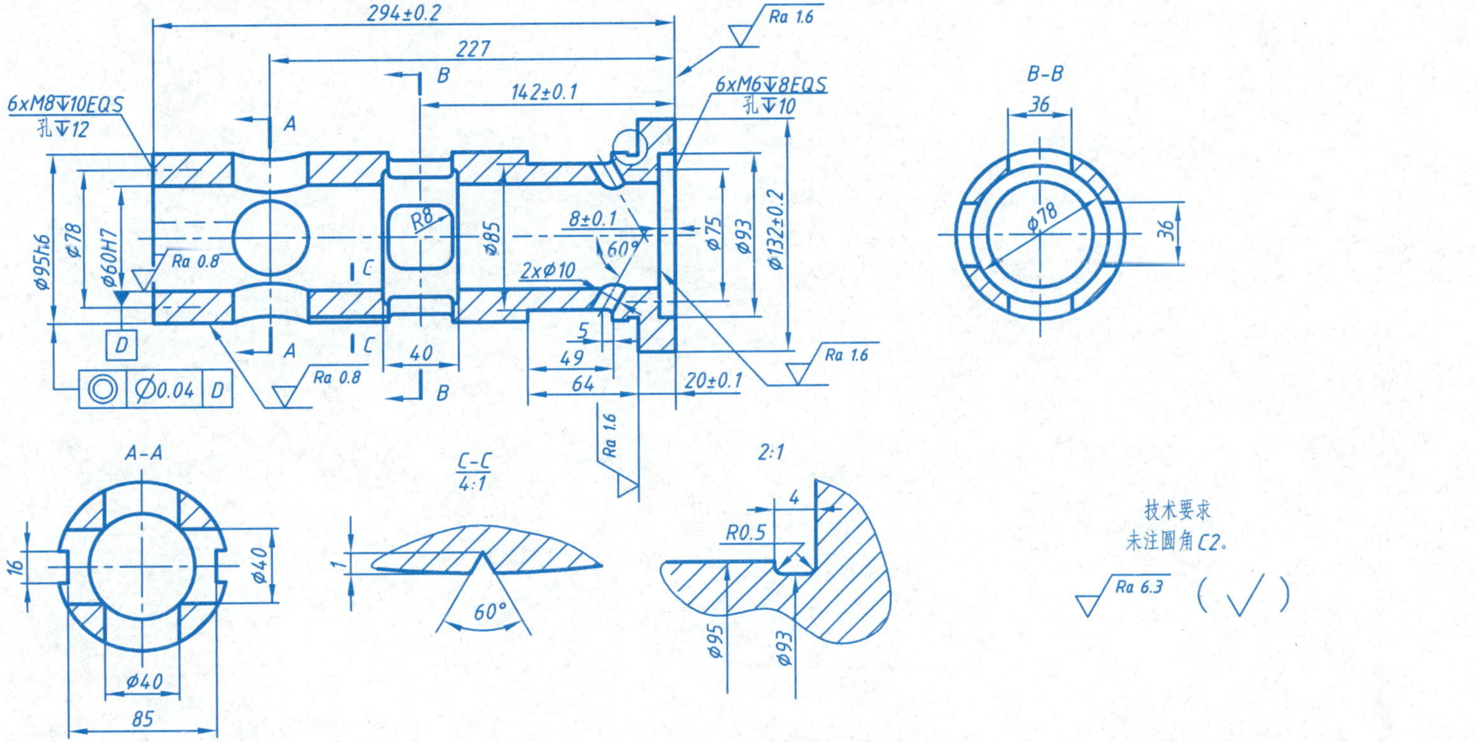

(3) 表达该零件的结构共用了__个图形，基本视图是___视图。为表达孔、槽与轴套的局部结构，还采用了______________________图。

(2) D处基准表达的位置是___________，几何公差 ◎ Ø0.04 D 表达的含义是__________________________。

(3) 2×ø10孔的定位尺寸为_____________。在图中标注长度方向尺寸的主要基准为____________________。

(4) 查出ø95h6，ø60H7的尺寸偏差，并标注在图上。

(5) 6×M6↧8EQS / 孔↧10 表示______________________________。

看端盖零件图，回答问题，并参照零件图，建立零件模型，生成工程图，并标注尺寸和技术要求。

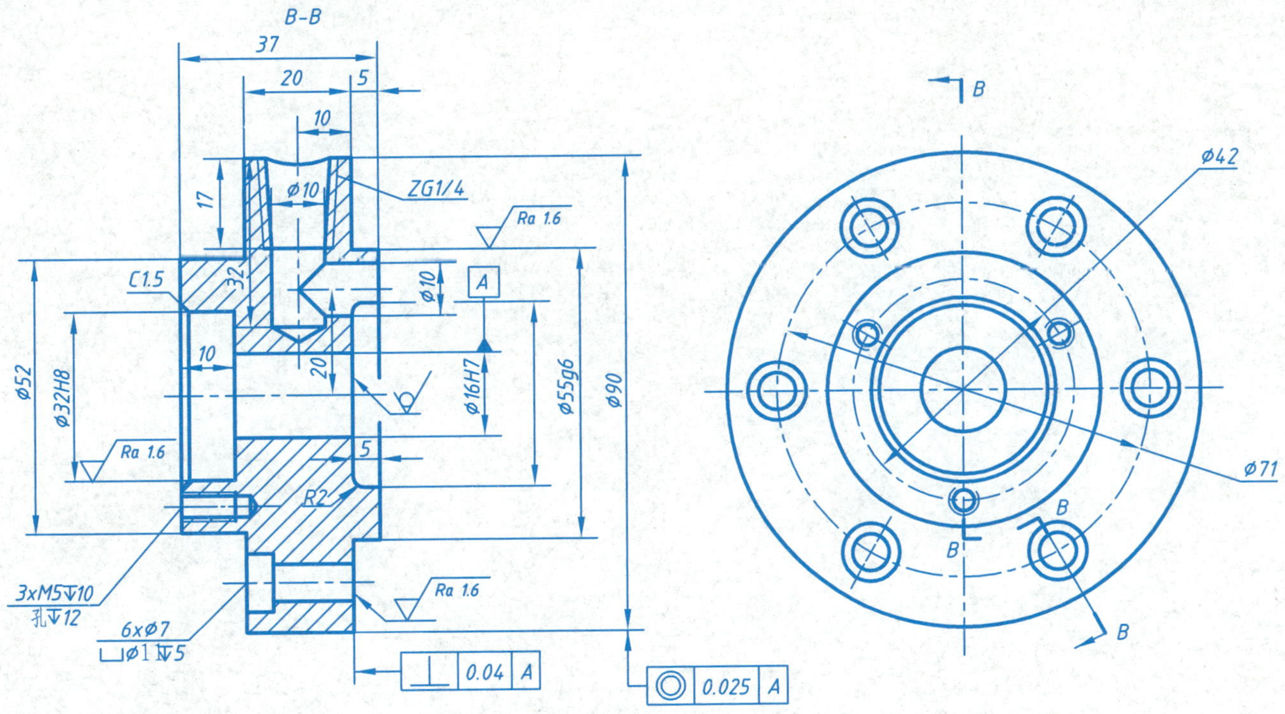

(1) 表达该零件结构用了____视图与____视图。B-B为______________全剖视图。

(2) ϕ16H7是________制，公差等级为________。

(3) 图中垂直度和同轴度的基准位置为______________________________。

(4) ZG1/4是____________，尺寸代号为__________。

(5) 在图上用文字和指引线标出轴向尺寸与径向尺寸的基准。

(6) $\frac{6\times\phi7}{⌴\phi11↧5}$ 表示______________________________。

第十章　装配图　　根据零件图画装配图及建模

班级		姓名		学号		

1. 根据安全阀装配示意图和零件图，在A3图纸上拼画装配图。
2. 根据零件图建立各零件的实体模型。
3. 根据装配示意图，将生成的零件进行三维装配，并生成爆炸视图。
4. 生成装配体二维工程图。

工作原理：

安全阀是一种安装在供油管路中的安全装置。正常工作时，阀门靠弹簧的压力处于关闭位置，油从阀体右侧孔流入，经下端孔流出。当油压超过允许压力时，阀门被顶开，过量的油从阀体和阀门开启后的缝隙间经阀体左端孔管道流回油箱，从而使管道中的油压保持在允许的范围内，起到安全保护作用。

调整螺杆可调整弹簧压力。为防止螺杆松动，其上端用螺母锁紧。

安全阀装配示意图

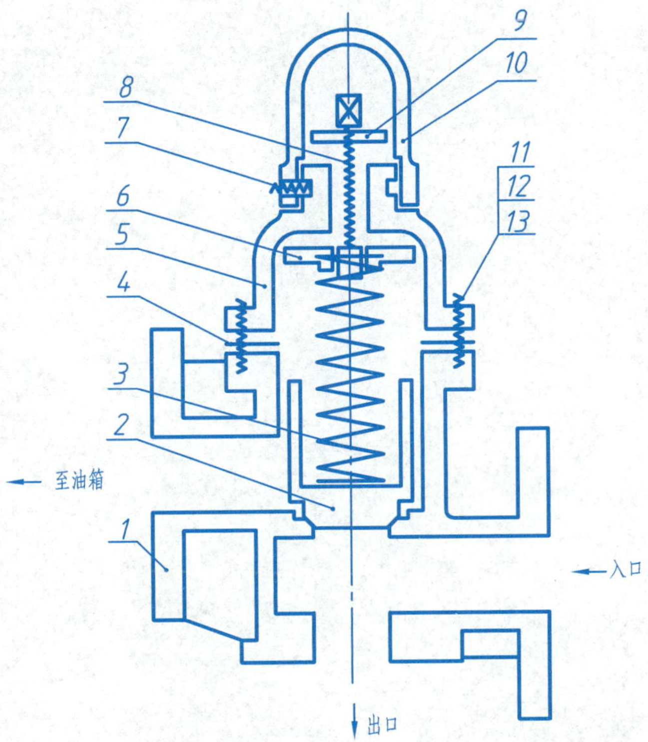

技术要求

1. 阀门与阀体装配要紧密，防止漏油。
2. 上下运动灵活。

序号	代号	名称	数量	材料	备注
13	GB/T899-1988	螺柱 M6x16	4	Q235	
12	GB/T97.1-2002	垫圈	4	Q235	
11	GB/T6170-2000	螺母 M6	4	Q235	
10		罩盖	1	ZL2	
9	GB/T6170-2000	螺母 M10	1	Q235	
8		螺杆	1	Q235	
7	GB/T75-1985	紧定螺钉 M5x8	1	Q235	
6		托盘	1	45	
5		阀盖	1	ZL2	
4		垫片	1	工业用纸	
3		弹簧	1	65Mn	
2		阀门	1	45	
1		泵体	1	ZL2	

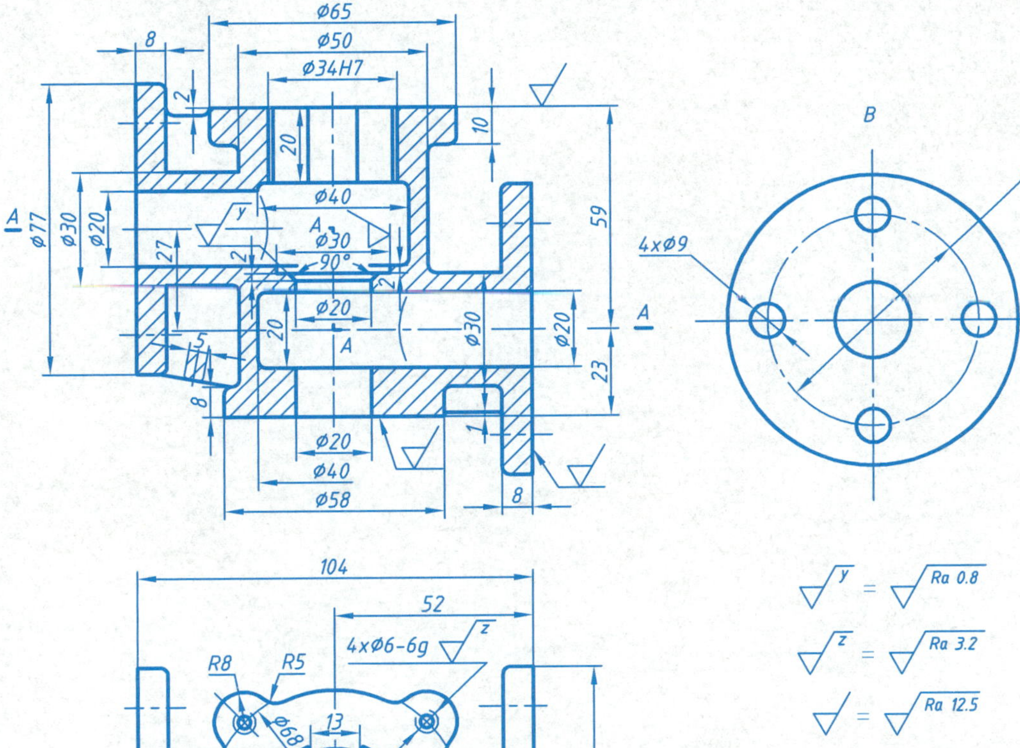

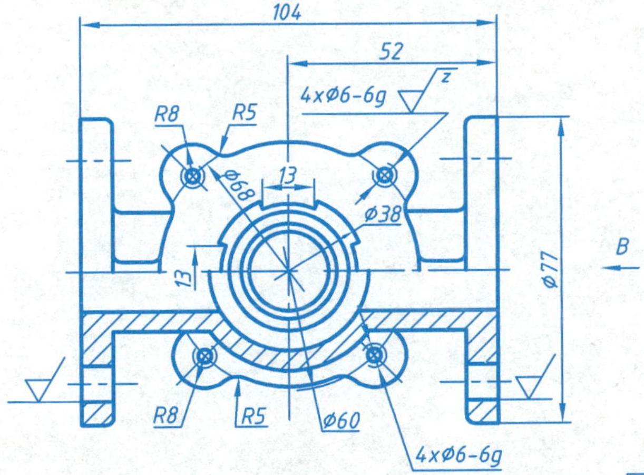

技术要求

1. 90°锥面与阀门对研;
2. 未注圆角R2;
3. 非机械加工表面喷绿色油漆。

阀体	比例	1:2	材料	ZL2	序号	1

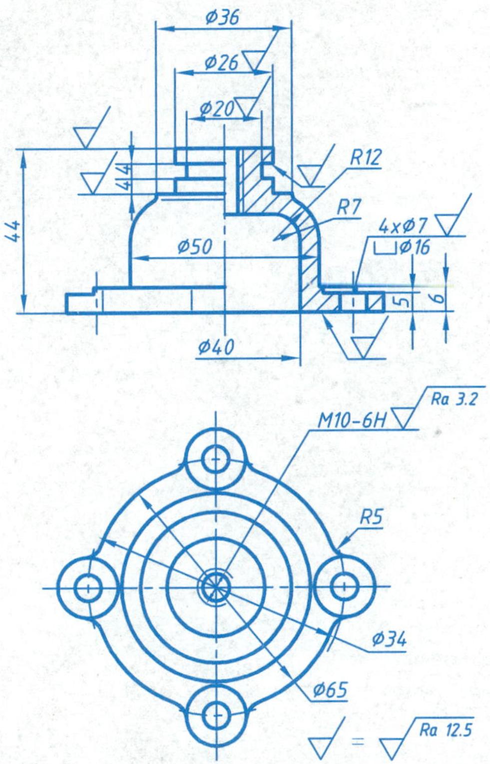

技术要求

1. 未注圆角R2;
2. 非机械加工表面喷绿色油漆。

阀盖	比例	1:2	材料	ZL2	序号	5

第十章 装配图 根据零件图画装配图及建模 班级 姓名 学号 86

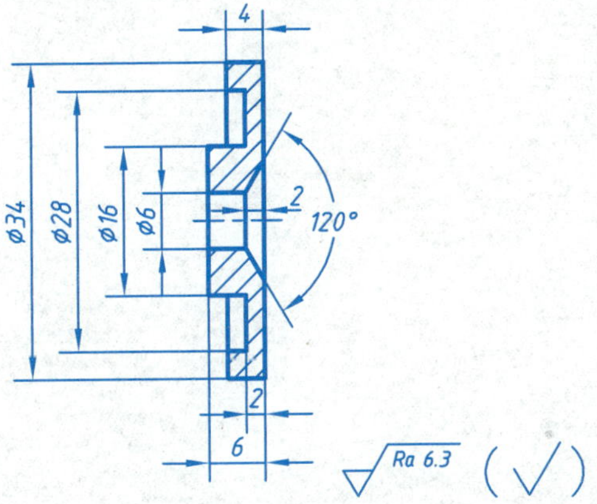

托盘	比例	1:1	材料	45	序号	6

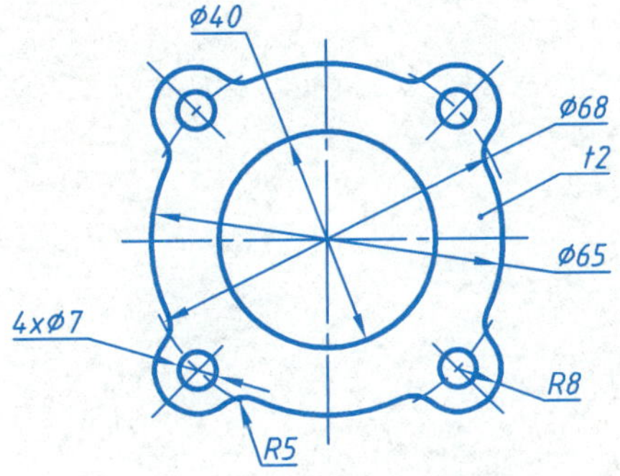

技术要求
未注圆角 R2

垫片	比例	1:2	材料	工业用纸	序号	4

旋向	右旋
有效圈数	$n=7$
总圈数	$n_1=8.5$

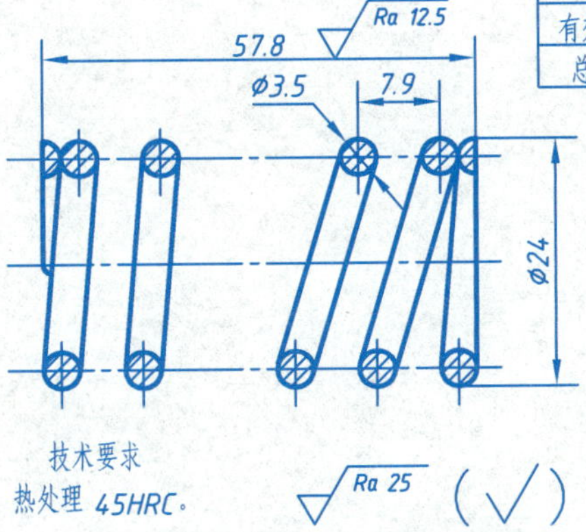

技术要求
热处理 45HRC。

弹簧	比例	1:1	材料	65Mn	序号	3

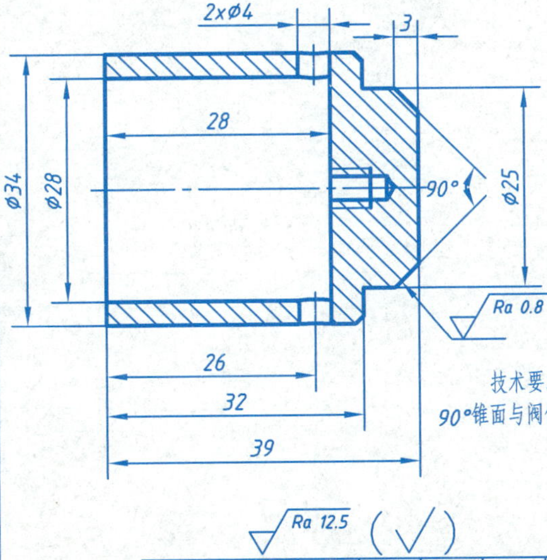

技术要求
90°锥面与阀体对研

阀门	比例	1:1	材料	45	序号	2

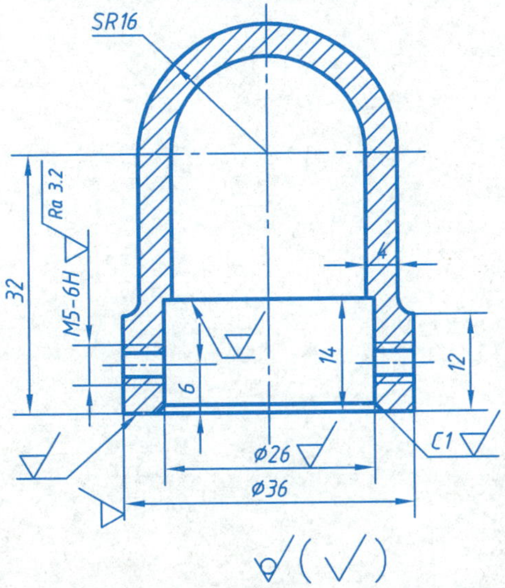

罩盖	比例	1:1	材料	ZL2	序号	10

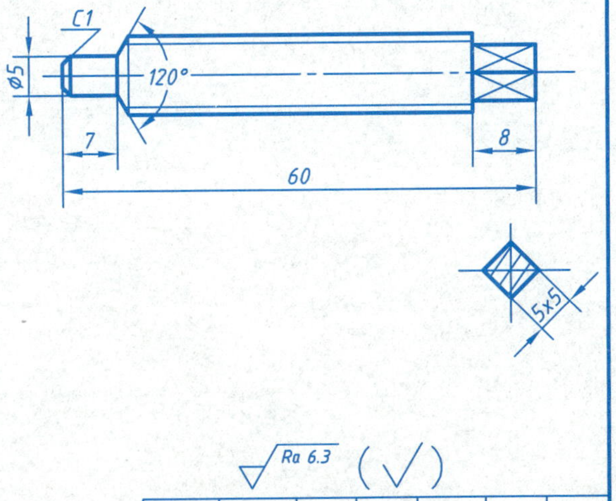

螺杆	比例	1:1	材料	Q235	序号	8

1. 根据手压阀各零件图，建立零件的实体模型。
2. 根据手压阀的装配图，将生成的零件进行三维装配，并生成爆炸视图。
3. 生成阀体和装配体的二维工程图。

工作原理：

手压阀用于管路上控制出水管管路的开与闭。阀体8的右侧与进水管相连，左侧与出水管相连。按下手柄2，阀杆5克服弹簧的弹力打开管路，液体从右侧进水管流向左侧出水管。放开手柄，由于弹簧的弹力作用，阀杆复位，通道即被堵死。

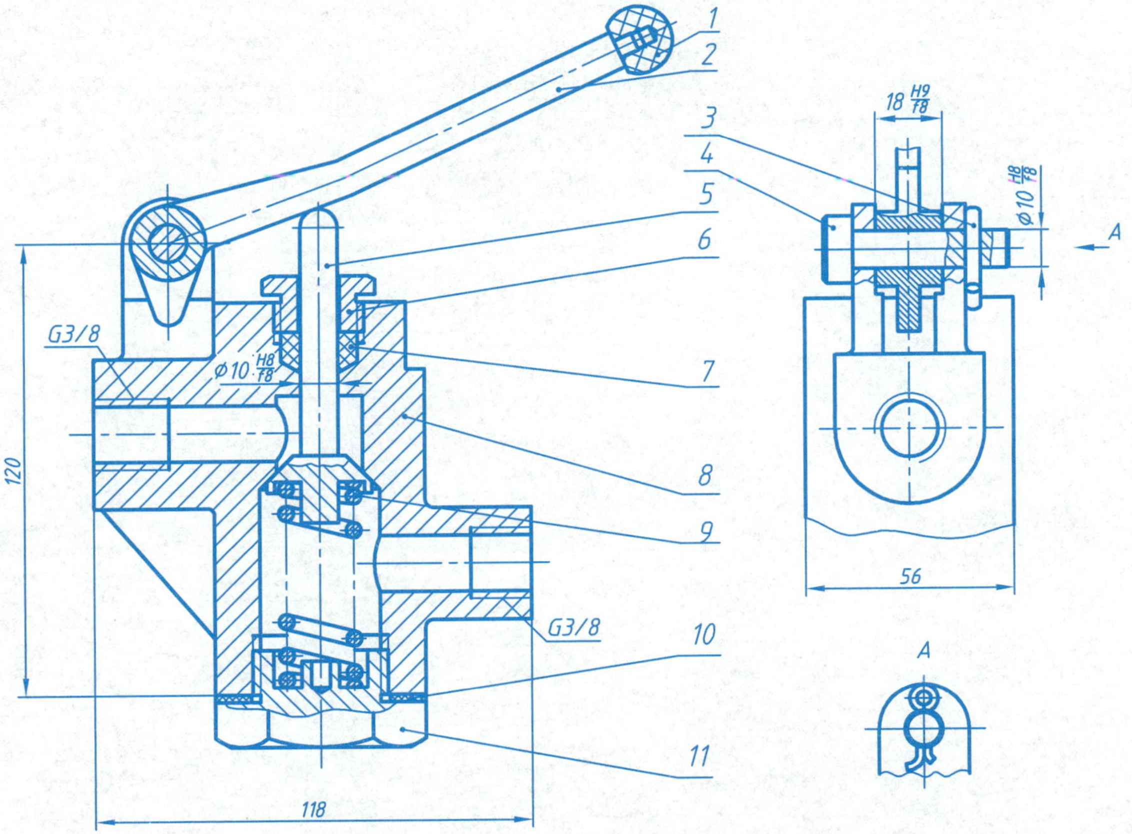

技术要求

装配后清洗和外表面涂漆。

序号	名称	数量	材料	备注
11	调节螺母	1	Q235A	
10	胶垫	1	橡胶	
9	弹簧	1	60CrVA	
8	阀体	1	HT150	
7	填料	1	石棉	
6	螺套	1	Q235A	
5	阀杆	1	45	
4	销钉	1	35	
3	开口销 4x14	1	Q215	GB/T91-2000
2	手柄	1	20	
1	球头	1	胶木	
手压阀		比例		1:2

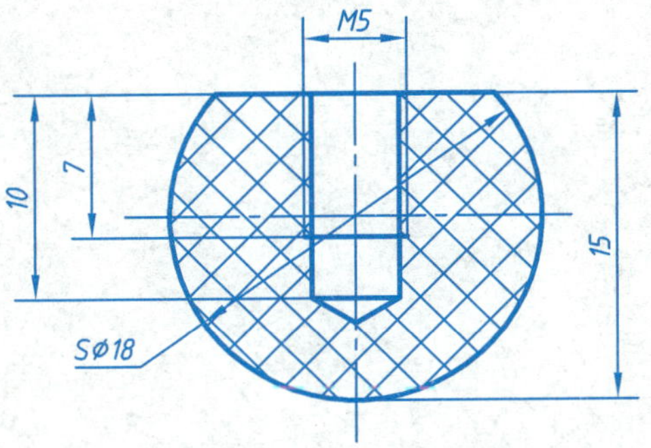

球头	比例	2:1	材料	胶木	序号	1

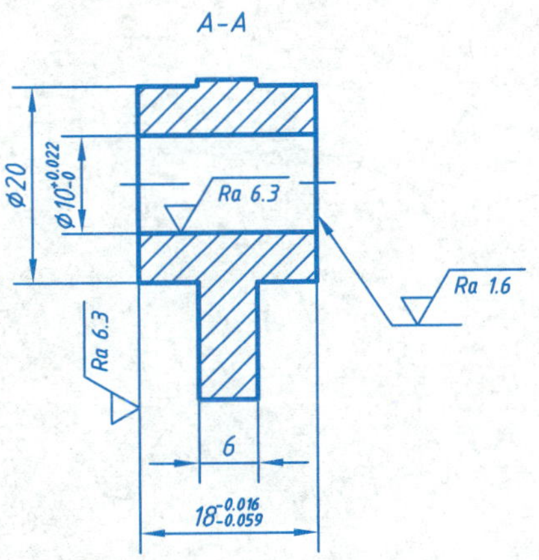

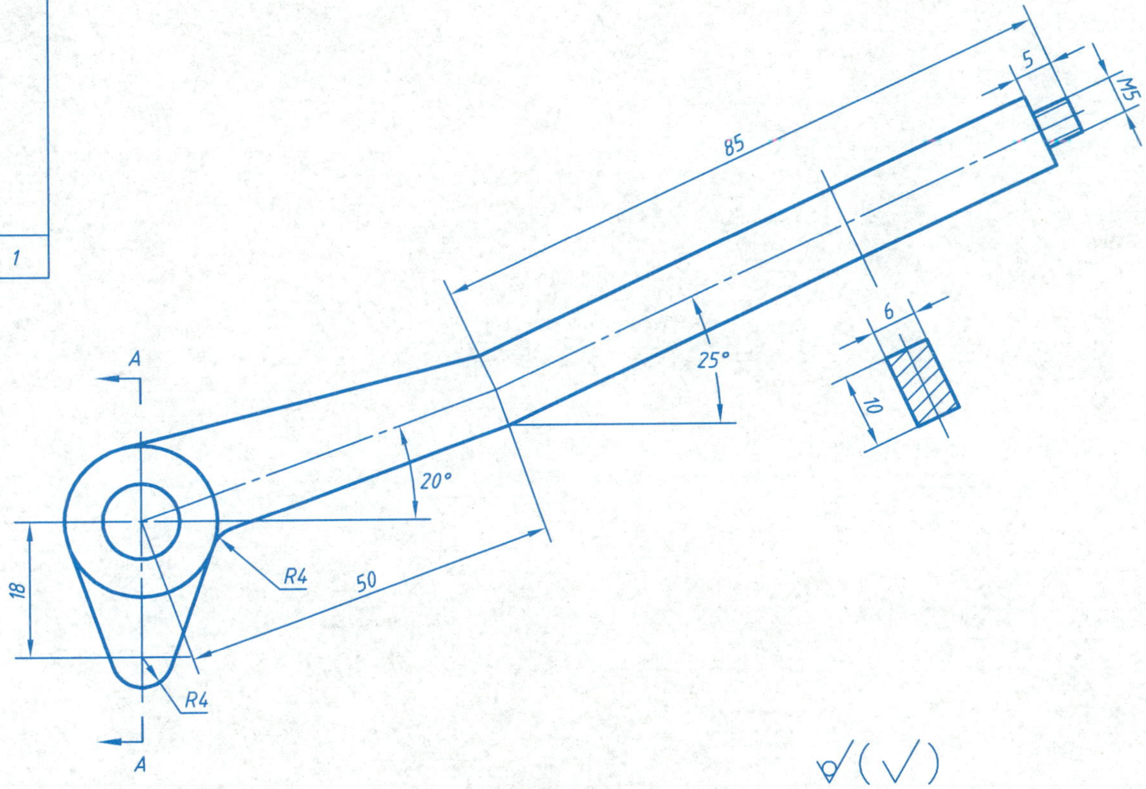

手柄	比例	1:1	材料	HT20	序号	2

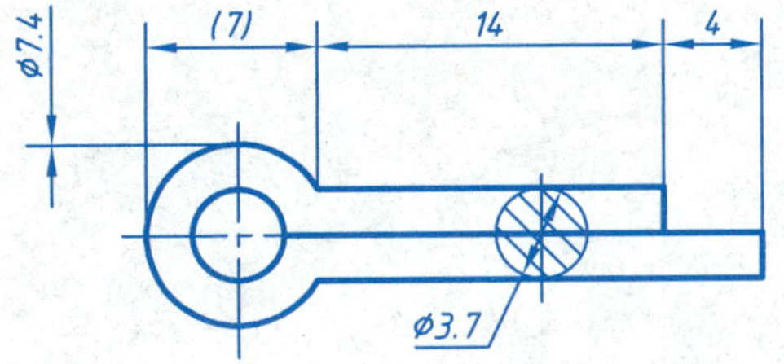

开口销	比例	2:1	材料	Q215	序号	3

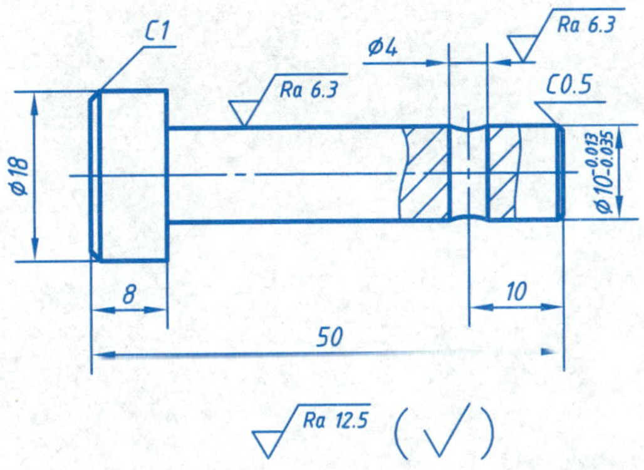

销钉	比例	1:1	材料	20	序号	4

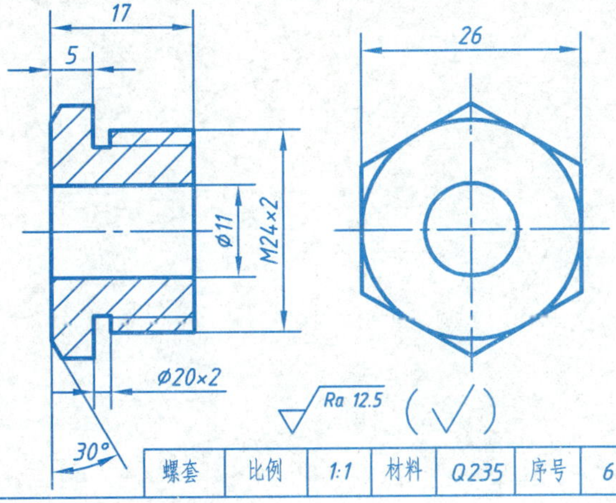

螺套	比例	1:1	材料	Q235	序号	6

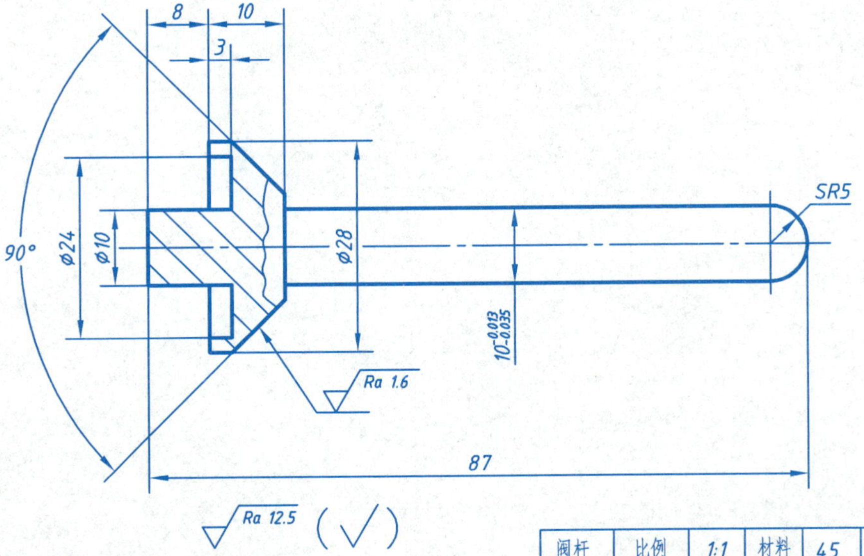

阀杆	比例	1:1	材料	45	序号	5

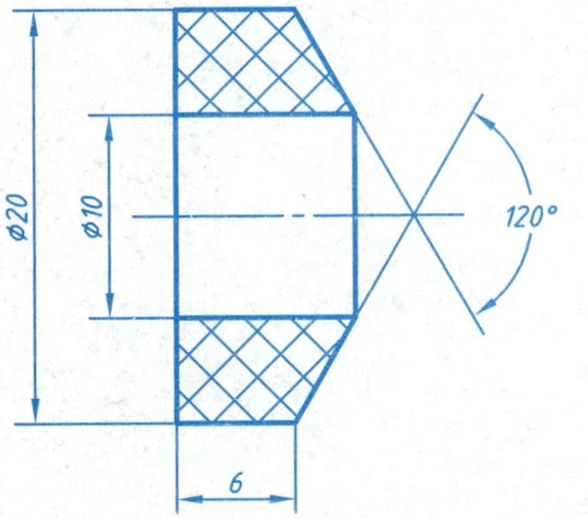

填料	比例	2:1	材料	石棉	序号	7

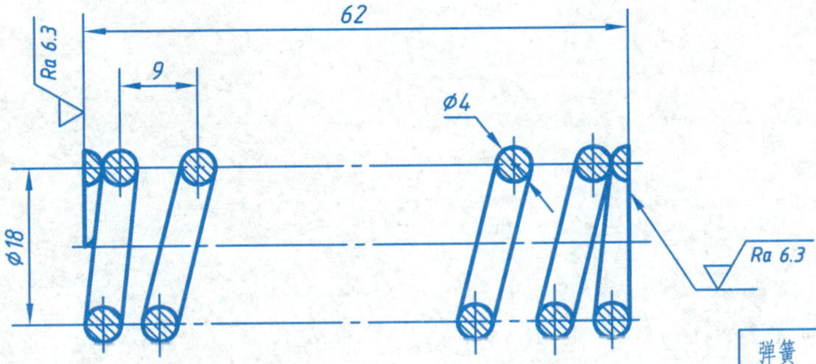

旋向：右；
有效圈数：6；
总圈数：8.5；
展开长度：488。

√(√)

弹簧	比例	1:1	材料	60CrVA	序号	9

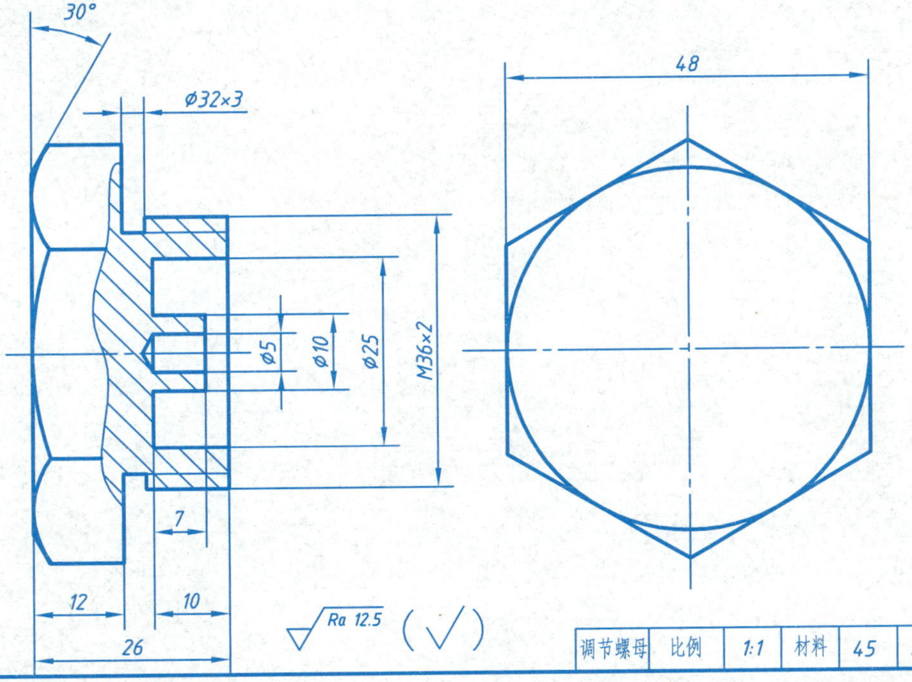

Ra 12.5 (√)

调节螺母	比例	1:1	材料	45	序号	11

胶垫	比例	2:1	材料	橡胶	序号	10

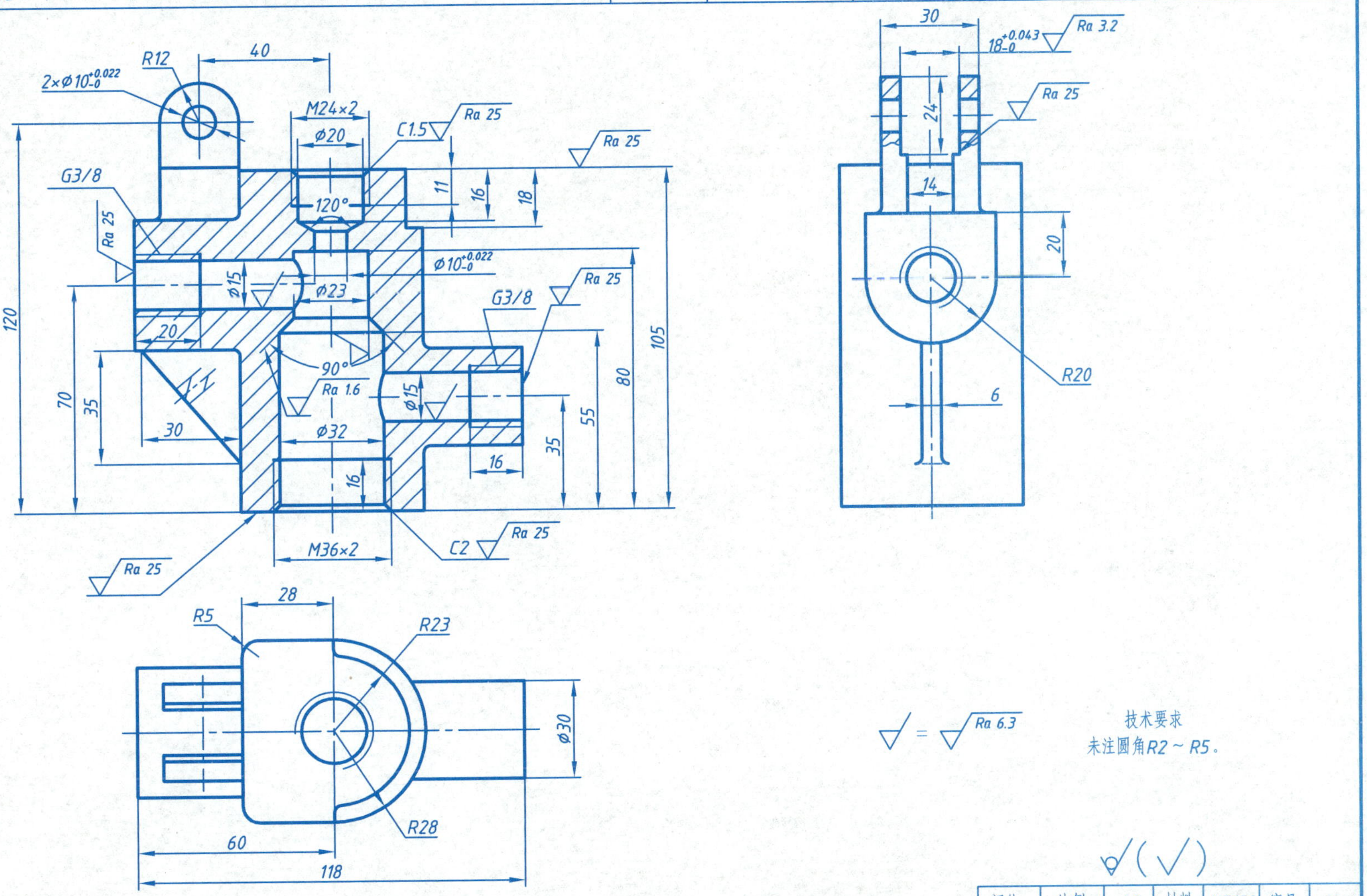

技术要求

未注圆角R2～R5。

阀体	比例	1:2	材料	HT150	序号	8

看换向阀的装配图，并拆画锁紧螺母、阀门及阀体的零件图。

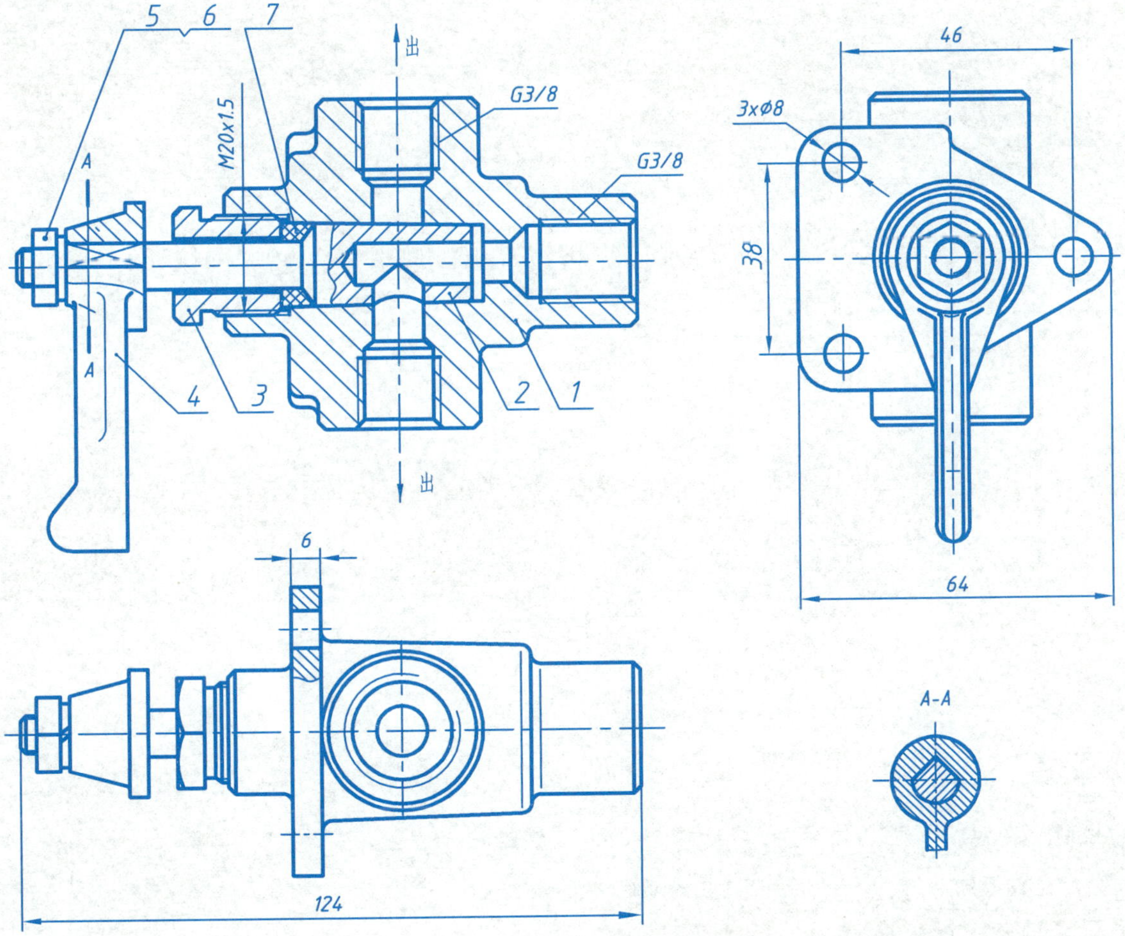

工作原理：

换向阀用于流体管路中控制流体的输出方向。在图示情况下，流体从右边进入，因上出口不通，就从下出口流出。当转动手柄4，使阀门2旋转180° 时，则下出口不通，就从上出口流出。根据手柄转动角度的大小，还可以调节出口处的流量。

序号	名称	数量	材料	备注
7	填料	1	石棉	
6	螺母 M10	1	Q235	GB/T6170-2000
5	垫圈 10	1	65Mn	GB/T93-1987
4	手柄	1	HT200	
3	锁紧螺母	1	HT200	
2	阀门	1	Q235	
1	阀体	1	HT200	

换向阀	比例	1:1.5

班级		姓名		学号		93

锁紧螺母	比例		材料		序号	

阀门	比例		材料		序号	

阀体	比例		材料		序号	